W0057838

garten
kurz & gut

Claudia Biermann

Igel

im NATURNAHEN GARTEN

av BUCH

Inhalt

Vorwort

Nützlinge erfüllen wichtige Aufgaben im Naturgarten: Sie unterstützen uns beim biologischen Pflanzenschutz, bestäuben unsere Pflanzen und sorgen für wertvollen Kompost. Biologisches Gleichgewicht, funktionierende Nährstoffkreisläufe, gesunder Boden und eine reiche Ernte sind im Garten nur durch diese fleißigen Helfer möglich. Der Igel ist ein eifriger Insektenfresser und zählt zu Recht zu den wichtigsten Nützlingen im Garten. Nicht ohne Grund ist der sympathische Gartenbewohner das Maskottchen der niederösterreichischen Aktion „Natur im Garten", die seit über zehn Jahren ein breites Beratungs- und Serviceangebot zur naturnahen Gestaltung und Pflege unserer Gärten und Grünräume bietet.

In naturnahen Gärten stimmt das ökologische Gleichgewicht und hier fühlt sich der Igel wohl. Mit der richtigen Gestaltung und Bewirtschaftung können Sie die nützlichen Tiere in Ihren Garten locken. Sie suchen Gestaltungsideen für einen igelfreundlichen Garten? Sie wollen mehr über die Biologie und das Verhalten dieser Tiere erfahren? Sie haben einen Igel gefunden und benötigen Hilfestellungen für die Igelpflege? Die passenden Informationen dazu finden Sie in diesem Buch mit dem wir Ihnen viel Freude wünschen.

Dr. Erwin Pröll
Landeshauptmann

Mag. Wolfgang Sobotka
Landeshauptmann-Stellvertreter

Hand in Hand
mit der Natur

(Foto: Fotolyse/fotolia.com)

Ein Stück Natur vor der Haustür

Das Grün des Gartens ist Balsam für uns Menschen, die Natur ein wertvoller Schatz. Deshalb ist es wichtig, sie zu bewahren und schützen. Doch das empfindliche ökologische Gleichgewicht ist vielerorts aus den Fugen geraten. Umweltverschmutzung, Klimaveränderung, ausgelöst durch die moderne Lebensweise von uns Menschen, großflächige Versiegelung von Böden oder der Einsatz von Düngemitteln in einer fast schon industriellen Landwirtschaft – wir haben der Natur und damit auch den Wildtieren in den letzten Jahrzehnten ordentlich zugesetzt, massiv in die natürlichen Kreisläufe eingegriffen und diese dabei ins Ungleichgewicht gebracht. Und oft wird uns erst bei einer größeren Naturkatastrophe, die viele Menschen- und Tierleben kostet, bewusst, dass diese vielleicht von uns selbst verursacht sein könnte. Seit Generationen wollen wir zu viel, geben aber zu wenig zurück. Wir lassen der Natur nicht genug Zeit, sich wieder von uns zu erholen. Der Schutz der Umwelt wurde dabei oft vernachlässigt.

Umweltschutz

Umweltschutz umfasst die Gesamtheit aller Maßnahmen, die natürlichen Lebensgrundlagen der Organismen zu erhalten und gestörte ökologische Systeme wieder in einen naturnahen Zustand zu bringen.

Mut zur Unordnung

Jeder kann etwas tun, direkt vor der eigenen Haustür. Verzichten Sie auf einen perfekt mit der Rasenschere getrimmten und ordentlich angelegten Ziergarten. Ein solcher Garten bereitet uns nur noch weiteren Stress, da er ständig gepflegt, geschnitten oder gedüngt werden will. Wer sich an jedem „Unkraut" stört, findet nie Ruhe. Entscheidend ist aber, dass Insekten, Schmetterlinge und Käfer mit einem „aufgeräumten" Garten nicht allzu viel anfangen können, mit der Folge, dass andere Tiere wie der Igel sich hier erst gar nicht blicken lassen, da sie in einem solchen Garten nichts zu fressen finden.

Wie viel erholsamer und auch pflegeleichter ist dagegen der naturnahe Garten! Hier können Sie die Natur auch einmal getrost sich selbst überlassen. Und Sie werden sehen, sie kommt ganz wunderbar allein zurecht! Na ja, eigentlich ist es gar kein Wunder, denn sie war ja schon lange vor uns da. Nur vergessen wir das allzu oft …

Lebensraum Stadt und Dorf

Natur finden wir nicht nur außerhalb menschlicher Siedlungen, sondern auch und gerade in unseren Dörfern und Städten – meist in Form von Parks, Grünanlagen und natürlich unseren Hausgärten. Diese von uns Menschen geprägten und gestalteten Lebensräume können und müssen einen Ausgleich schaffen zur fortschreitenden Verarmung von heimischen Wäldern, Wiesen und Fluren, die aufgrund menschlichen Eingreifens immer stärker von Monokulturen geprägt sind.

Ein Garten bietet vielen Tieren Platz. (Foto: sonne fleckl/fotolia.com)

Bedrohte Tier- und Pflanzenarten

Etliche Tier- und Pflanzenarten sind bereits ausgestorben. Verantwortlich für den Artenrückgang sind laut verschiedener Umweltschutzverbände der enorme Verkehrszuwachs und Verbrauch von Gütern, die den Klimawandel beschleunigen. Ein weiterer wichtiger Faktor ist die fortschreitende Intensivierung der Landwirtschaft.

ten. Jeder Einzelne von uns kann hierzu beitragen, indem er zunächst vor der eigenen Haustür anfängt. Ein achtsamer und behutsamer Umgang mit der Natur im eigenen Garten ist auch aktiver Artenschutz.

Sie fragen sich nun bestimmt, ob dieser Beginn im Kleinen tatsächlich etwas bringt. Ganz bestimmt. Der ökologische Wert von Hausgärten ist nicht zu unterschätzen. Naturgärten tragen nachweislich bei zur Erhaltung und Förderung der Biodiversität, der Vielfalt des Lebens schlechthin.

Gelebter Natur- und Artenschutz

Einen wichtigen Beitrag, um unsere Ökosysteme langfristig am Leben zu erhalten und die Artenvielfalt zu fördern, leisten unsere Gär-

Einklang im naturnahen Garten

Der Weg zum Naturgarten führt über den Einklang, den Einklang mit der Natur, mit den Lebewesen und schließlich auch mit uns selbst. Es ist genug Platz für alle da. Das Re-

Biodiversität

Biodiversität beschreibt die natürliche Vielfalt der Lebensformen, der Ökosysteme und der Gene. Lebewesen und Lebensräume stehen dabei in Wechselwirkung und beeinflussen sich gegenseitig. Auch wir Menschen sind ein Teil davon.

sultat sind lebendige, schöne und ganz individuelle Gärten. DEN naturnahen Garten schlechthin gibt es jedoch nicht, sondern lediglich viele verschiedene Spielarten davon. Die Natur ist schließlich auch vielfältig.

Gemeinsam ist allen naturnahen Gärten eins: Es finden sich in ihnen nur wenige exotische Pflanzen – stattdessen gedeihen hier einheimische Gehölze und Pflanzen. Zusammen mit den Wildtieren bilden sie eine Gemeinschaft, die eine gute Lebensgrundlage für beide bietet.

Naturgärten sind auch nicht verwildert, aber wild. Hier wird der Natur ausreichend Raum gelassen. Verschiedene Bereiche wechseln sich ab, es gibt Hecken, Wildpflanzenbeete und Ecken mit „Unkraut" wie etwa der Brennnessel. Letztere lockt Schmetterlinge und damit Vögel an. In Totholzhaufen dagegen lassen sich Insekten und andere Kleintiere gerne nieder.

Chemie ist tabu

Naturgärtner verzichten auf chemische Dünger. Sie streben eine möglichst hohe Artenvielfalt an. Je mehr Tier- und Pflanzenarten in einem Garten leben, desto geringer ist das Risiko, dass eine dominiert und es in der Folge zu massivem Schädlingsbefall kommt. Im Naturgarten stimmt das Gleichgewicht von Fressen und Gefressenwerden noch. Die Konsequenz daraus: Nützlinge und Schädlinge halten sich in der Regel die Waage – ganz ohne das Eingreifen von uns Menschen. Doch wer definiert eigentlich, was Schädlinge und was Nützlinge sind? Bisweilen ist das eine ganz willkürliche Sichtweise. Ein Gemüsegärtner betrachtet Läuse als Schädlinge, ein Naturgärtner als überlebensnotwendiges Futter für Marienkäfer- und Florfliegenlarven. Alles eine Frage der Perspektive.

Artenvielfalt im Naturgarten

Ein Naturgarten lockt Tiere an, die wir vielleicht zum letzten Mal in unserer Kindheit

Igel brauchen Verstecke. (Foto: Weikel/Koisegg)

gesehen haben – wie zum Beispiel den Igel. Die scheuen Tiere zaubern immer ein Lächeln auf unser Gesicht, wenn sie in ihrem typischen Trippelgang über Wiesen laufen und unter Hecken huschen. Doch auch die kleinen Stacheltiere mögen keine aufgeräumten und sauberen Gärten. Sie suchen ein Zuhause, in dem die Natur das Sagen hat und die Artenvielfalt stimmt. Forscher haben in naturnahen Gärten rund 2500 Tierarten nachgewiesen, darunter allein 650 Schmetterlings- und 100 Vogelarten. Der Verein für naturnahe Garten- und Landschaftsgestaltung geht sogar von mehreren Tausend Tierarten aus, die im Naturgarten vorkommen können. Zählt man die rund 1000 einheimischen Wildpflanzen noch dazu, kommt man auf eine wirklich beeindruckende Bilanz! In ihrem ursprünglichen Lebensraum, der kleinteiligen Feldflur mit vielen Hecken und Sträuchern, Bächen und Wiesen, finden Igel diese Vielfalt nicht mehr.

Verantwortung übernehmen

Wir Menschen haben das ökologische Gleichgewicht empfindlich gestört: durch intensive Landwirtschaft, die wegen des Einsatzes von Maschinen möglichst große Felder bevorzugt, den Einsatz von Pestiziden und die intensive Bewirtschaftung von Wäldern.

Die Igel sind uns deshalb – gezwungenermaßen – nachgefolgt in unsere Dörfer und Städte. Inzwischen sollen sogar mehr Igel in Städten leben als anderswo. Dafür sind allein wir verantwortlich. Wir haben sie vertrieben, ihre natürlichen Lebensräume in den letzten Jahrzehnten dramatisch verändert und massiv eingeschränkt. Rückgängig machen können wir das nur sehr langsam und über einen langen Zeitraum, was aber kein Grund ist zu verzagen. Denn auch kurzfristig können wir durchaus etwas tun – und das ist gar nicht einmal so schwierig: Verwandeln wir unsere Gärten in naturnahe Wohlfühlgärten für Igel, in denen sie sichere Verstecke finden und ausreichend natürliche Nahrung für sich und ihren Nachwuchs. Und Sie werden sehen, es lohnt sich – nicht nur für die Igel!

Natur erleben

Ein Naturgarten ist immer ein Erlebnis: Er ermöglicht uns die unmittelbare Begegnung mit

Wiesen und Wälder

Die artenreichsten Lebensräume sind Wiesen und Weiden. Dort leben mehr als die Hälfte aller vorkommenden Tier- und Pflanzenarten. Doch immer häufiger fallen die artenreichen Biotope der Landwirtschaft zum Opfer und werden zu Ackerland.
Noch machen Wiesen etwa 20 Prozent der Fläche Deutschlands aus. Doch in den letzten Jahren wurden es immer weniger: ein Minus von etwa fünf Prozent. Dadurch nimmt auch die Artenvielfalt ab.

Verwilderte Gärten mit üppiger Bepflanzung sind ideal für Tiere. (Foto: Martina Walther/fotolia.com)

und die Beobachtung von Lebewesen und lässt uns die Jahreszeiten viel besser erleben. Er ist auch ein idealer Platz für die Umwelterziehung unserer Kinder. Denn was Menschen im Kindesalter als liebens- und schützenswert erleben, schätzen sie in der Regel auch noch als Erwachsene.

Ein Naturgarten schärft den Blick für das Kleine, das scheinbar Unscheinbare: Thymian zum Beispiel wirkt zunächst nicht besonders spektakulär, beim genaueren Betrachten fallen einem aber plötzlich zarte, weiß bis lila-rosafar-

bene Blüten auf. Essbar sind sie obendrein. Womit wir bei einem weiteren wichtigen Punkt sind: Ein naturnaher Garten versorgt uns auch mit Nahrung. Wenn wir hier ungespritztes Obst und Gemüse ernten, tun wir unserer Gesundheit und unserer eigenen Ökobilanz gleichzeitig etwas Gutes. Ein Naturgarten ist aber auch Erholungsort und bietet Freizeitbeschäftigung. Hier können wir uns außerdem entspannen. Die klassische Gartenarbeit hält sich in Grenzen und verdient damit tatsächlich die Bezeichnung „Freizeitbeschäftigung".

Ungefüllte Blüten liefern reichlich Pollen und Nektar. (Foto: Marco Stricker/pixelio.de)

Ökosystem im Gleichgewicht

Ein naturnaher Garten allein kann freilich das ins Wanken geratene globale Ökosystem nicht wieder ins Lot bringen. Aber er trägt mit Sicherheit zur Verbesserung bei. Er ist ein Mikrokosmos; Sie selbst können mithelfen, ihn zu stärken und zu erhalten. Wo sich wilde Blumen, Hecken und Sträucher einfinden, siedeln sich Insekten und einheimische Wildtiere an,

denn dort finden sie ausreichend Nahrung. Zum Beispiel Bienen: Sie bestäuben Blüten, und nur so können sich viele Pflanzen überhaupt vermehren und ihre Früchte und Samen bilden. Etwa 80 Prozent unserer heimischen Nutz- und Wildpflanzen sind nach Angaben des Deutschen Imkerbundes darauf angewiesen, von Honigbienen bestäubt zu werden. Und die Bienen sind dabei sehr, sehr fleißig: Pro Tag besucht eine Biene bis zu 7000 Blüten.

Der Kreislauf der Natur

Vögel scheiden zuvor gefressene Pflanzensamen aus und sorgen damit im nächsten Jahr für neuen Wildwuchs. Marienkäferlarven fressen „Schädlinge" wie Blattläuse. Unzählige Kleinstlebewesen wie Bodenmilben sorgen für die Zersetzung natürlicher „Abfälle" wie Laub, Kot oder Totholz und bereiten dadurch einen natürlichen Dünger für den Boden – ganz ohne Chemie. Der Kreislauf der Natur kann wieder von vorn beginnen. Die Pflanzen gedeihen prächtig und spenden den Kleinstlebewesen und Insekten ausreichend Nahrung. Eine derart gut gefüllte Speisekammer lockt dann auch kleine Säugetiere an, wie zum Beispiel unsere Igel. Tiere und Pflanzen finden im naturnahen Garten miteinander einen „Überlebensraum". Einheimische Wildpflanzen können hier ungestört wachsen und bieten kleinen Wildtieren Nistplätze und Verstecke. Alles ist miteinander verbunden. Was im Großen zerstört wurde, lässt sich bedingt im Kleinen wieder nachbilden – und dient damit wiederum dem großen Ganzen.

Igel –
beliebt und nützlich

(Foto: Igelzentrum Zürich)

Igel regen Kinder zum Spielen und Basteln an. (Foto: fotoaloja/shutterstock.com)

Heimliche Gartenbewohner

Bevor wir sie zu Gesicht bekommen, hören wir sie meist oder entdecken ihre Spuren in unserem Garten. Igel sind Weltmeister darin, es spannend zu machen! Mit einem Rascheln kündigen sie sich an. Sie machen uns neugierig auf den neuen, unbekannten Gartenbewohner. Das liegt an ihrer Lebensweise, denn Igel kommen fast ausschließlich in der Dämmerung und nachts aus ihren Verstecken um Nahrung zu suchen. Als Schädlingsvertilger leisten sie gute Dienste.

Liebenswerter Helfer im Garten

Der Igel gilt aber nicht nur als schlau und sieht drollig aus, sondern er ist auch noch ein sehr nützlicher und gern gesehener Gast im Garten, denn er verspeist verschiedene Schädlinge wie Insekten, Käfer und auch Schnecken. Genau die Kleintiere also, die in der Überzahl zum Problem für den Hobbygärtner werden. Die kleinen Stacheltiere tragen viel dazu bei, das ökologische Gleichgewicht im Garten zu erhalten. Und wo sie leben, stimmen die Voraussetzungen dafür. Und noch etwas: Igel mögen unaufgeräumte

Gärten, in denen einiges liegen bleiben darf. Insofern sind Igel eine herrliche Ausrede für alle, die es sich lieber gemütlich machen im Garten und ihn genießen, statt dauernd darin aufzuräumen und zu schuften. Was gibt es Praktischeres?

Igel bringen Glück

Igel sind scheue und vorsichtige Wesen – obwohl sie eine starke „Ritterrüstung" mit sich herumtragen. Sie können aber durchaus sehr zutraulich werden, wenn wir uns ihnen behutsam nähern und sie nicht verschrecken. Merken sie erst einmal, dass wir ihnen nichts Böses im Schilde führen und sie ihrer Wege ziehen lassen, erfreuen sie uns immer häufiger mit ihrer Anwesenheit im Garten. Ein Igel zu Besuch gilt immer als Glücksfall!

Vielleicht mögen wir Menschen sie auch deshalb so gern, weil sie das tun können, was wir auch so gern manchmal möchten: uns einfach „einigeln", wenn wir unsere Ruhe haben wollen.

Putzige Sympathieträger

Igel sind uns von Kindheit an sympathisch. Das liegt nicht nur an ihrem niedlichen Äußeren. Viele schöne Geschichten gibt es zu den putzigen Gesellen zu erzählen. Aus Kastanien und anderen Naturmaterialien werden bis heute im Herbst Igel gebastelt.

Der Igel als Winterschläfer symbolisierte in der Jungsteinzeit auch das Erwachen der Natur im Frühling. Er stand außerdem für Wachsamkeit und Beständigkeit. Der Igel als Medizin – auch darum ranken sich Legenden. Igelasche soll getrunken zum Beispiel die Nieren kurieren oder Haare wieder sprießen lassen. Der Igel steht für Glück, Schlauheit und Reichtum, aber auch für Bescheidenheit.

Ob als Kuscheltier oder Comicfigur, Igel sind beliebte Tiere. (Foto: Bannykh Alexey Vladimirowitsch/shutterstock.com)

Igel als Glückbringer

Der Igel steht für Glück, Schlauheit und Reichtum, aber auch für Bescheidenheit. Im alten Ägypten wurden Igel als Schlangentöter verehrt. Zahlreiche historische Funde zeigen Igel auf Gefäßen, Amuletten oder Statuetten.

Mythen und Märchen

Seit Menschengedenken erzählt man sich Geschichten über das beliebte Stacheltier. Auch Mythen und jede Menge Aberglaube ranken sich um den Vierbeiner. Gemeinsam ist fast allen Überlieferungen, dass ein weitgehend positives Bild gezeichnet wird: Igel gelten als clever, sympathisch und putzig.

Die bekannteste Geschichte über den Igel dürfte wohl das Märchen „Der Hase und der Igel" sein. Ein cleverer Igel überlistet den Hasen bei einem Wettrennen, indem seine Frau als Komplizin einsetzt. Immer, wenn der Hase völlig außer Atem am Ende der Wegstrecke ankommt, ist der Igel bereits da. Man muss eben nicht immer schnell sein, um zu gewinnen.

Mecki, der Medienstar

Der sympathischste und der älteren Generation bekannteste Igel Deutschlands ist sicher Mecki. Ende der 1930er-Jahre spielte er die Hauptrolle in einem Trickfilm. Damit war ein Star geboren. Die Fernsehzeitschrift „Hörzu" machte ihn 1949 zu ihrem Maskottchen, es gab Puppen, Figuren, Bilderbücher, Comics und vieles mehr. Mecki begründete übrigens auch eine Modeerscheinung: die Meckifrisur, den sogenannten stacheligen Igelschnitt.

Alle Igelgeschichten tragen zum positiven Image des Igels bei. 2009 wurde er zum Beispiel von der „Schutzgemeinschaft Deutsches Wild" zum Wildtier des Jahres gekürt.

Schnecken stehen auch auf dem Speiseplan von Igeln. (Foto: Igelzentrum Zürich)

Wissenswertes
über den Igel

(Foto: Igelzentrum Zürich)

Zwischen Blättern und Herbstlaub ist der eingerollte Igel gut geschützt.
(Foto: Igelzentrum Zürich)

Eine stachelige Angelegenheit

Igel sind kleine und stachelige Säugetiere. Und damit sind im Grunde schon ihre hervorstechendsten Merkmale beschrieben, denn kein anderes einheimisches Tier trägt ein derartiges Stachelkleid. Bei der Geburt besitzen Igel knapp 100 Stacheln, anfangs noch weich und eingebettet in ihre Haut, damit sie bei der Geburt die Mutter nicht verletzen.

Wirksamer Schutz

Ausgewachsene Igel tragen dann schon 6000 bis 8000 Stacheln mit sich herum. Ein groß-artiger Schutzschild gegen tierische Feinde, und auch bei einem Sturz aus größeren Höhen halten sie meist schlimme Folgen ab. Denn dieser Panzer federt wie ein Stoßdämpfer so manche Erschütterung ab. Und wie es sich für eine Rüstung gehört, schützt sie auch vor anderen Gefahren. Flugs rollt sich der Igel ein – zum Beispiel bei unerwarteten Berührungen – und verwandelt sich dabei in eine stachelige Kugel, die kaum zu öffnen ist. Dabei hilft dem Igel ein großer Ringmuskel, der rund um sein Stachelkleid am Rücken liegt und der sich blitzschnell zusammenziehen kann. Stundenlang kann er so verharren. Nur vorsichtig wagt er sich wieder aus seinem Schutz heraus und prüft erst einmal, ob die Luft wieder rein ist.

Wehrhafte Haare

Die Stacheln sind in Wirklichkeit zwei bis drei Zentimeter lange, stark verhornte Haare. Sie sitzen fest verankert in der Haut des Igels, sie sind biegsam und gleichzeitig sehr stabil. Mit kleinen Muskeln an der Basis kann er jeden Stachel einzeln bewegen. Fällt ein Stachel aus, wächst ein neuer nach. Das ist aber kein regelmäßiger Prozess, vergleichbar einem Fellwechsel oder der Mauser von Vögeln. Bei Igeln wächst ein Stachel nur bei Bedarf nach.

Das Stachelkleid befindet sich am Rücken, an den Flanken und am Hinterkopf. An Bauch, Brust und im Gesicht ist ihr Fell weich und stachelfrei. Fell und Stacheln sind braun-grau. In der Dämmerung sind Igel deshalb schwer zu sehen und gut geschützt.

Schlangenfresser

Das Wort Igel kommt von dem althochdeutschen Wort *igil*. Es ist abgeleitet von dem indogermanischen Wort für Schlange. Es bedeutet so viel wie Schlangentier oder Schlangenfresser.

Männchen

Weibchen

Aussehen und Größe

Erwachsene Igel sind zwischen 24 und 30 Zentimeter lang und wiegen — je nach Alter — 800 bis 1500 g. Wie bei uns Menschen gibt es natürlich auch hier sehr stattliche und weniger stattliche Exemplare. Männchen sind normalerweise etwas schwerer als Weibchen.

Igel haben einen kleinen, zwei bis drei Zentimeter langen Schwanz. Ihre Beine sehen kurz aus, tatsächlich sind sie zehn bis 15 Zentimeter lang, doch da Igel meist ein bisschen gehockt stehen und gehen, wirken sie sehr kurz. An den Füßen sitzen fünf mit Krallen bewehrte Zehen. Sie helfen dem Igel bei der Nahrungssuche. Der Kopf des Igels sitzt auf einem kurzen Hals.

Die Schnauze verläuft — ganz typisch für Insektenfresser — spitz und ist mit empfindlichen Tasthaaren versehen. Darin sitzen die spitzen und scharfen Zähne; mit ihren starken Backenzähnen können Igel selbst harte Käferkörper zermalmen.

Männlein oder Weiblein?

Die beiden Geschlechter sind optisch kaum voneinander zu unterscheiden. Lage und Form der Geschlechtsorgane am Bauch stellen die einzigen Unterscheidungsmerkmale dar. Igelmännchen haben in der Bauchmitte ihre Penisscheide, sie sieht ein bisschen aus wie ein Bauchnabel. Das Geschlechtsteil der Weibchen sitzt dagegen am hinteren Ende des Bauches, vor dem After. Lassen Sie sich von Zitzen nicht auf die falsche Fährte bringen: Sowohl Weibchen als auch Männchen haben welche.

Die Sinnesorgane

Geruch und Gehör sind die beiden wichtigsten Sinne des Igels. Igel hören sehr gut. Ihre Ohren sind sehr klein, im Vergleich mit anderen Insektenfressern jedoch groß. Sie können Frequenzen aus dem Ultraschallbereich wahrnehmen, die wir Menschen nicht einmal erahnen. Igel können zum Beispiel einen Käfer hören, der an einem Blatt nagt. Das erleichtert ihnen die Nahrungssuche natürlich immens!

Sieht merkwürdig aus, ist aber durchaus sinnvoll: das Einspeicheln. (Foto: Igelzentrum Zürich)

Empfindliche Nase

Die Igelnase ist eigentlich immer feucht und funktioniert hervorragend. Ihre Beute riechen Igel auf etwa einen Meter Entfernung. Sogar wenn sich ein Käfer unter der Erde befindet, kann ihn der Igel erschnuppern. Auch Feinde riechen die Insektenfresser schon von Weitem.

Ein ganz besonderer Sinn

Igel verfügen über ein spezielles Sinnesorgan: das Jacobsonsche Organ, eine Art Drüse, die im Rachenraum sitzt und mit deren Hilfe Igel Gerüche gewissermaßen auch schmecken können. Es hilft dem Igel, genau zu unterscheiden zwischen Fressbarem und Ungenießbarem. Unbekannte Gerüche und Geschmäcke kann er so einer Prüfung unterziehen, bevor er das Objekt tatsächlich frisst. Dabei bildet sich reichlich Speichel, den er unter merkwürdigen Verrenkungen gern auf sein eigenes Stachelkleid spuckt. Warum er das

tut, ist noch nicht geklärt. Was für Laien nach Tollwut aussieht, ist also in Wirklichkeit das Resultat einer besonderen Sinnesleistung des kleinen Säugetiers.

Trübe Knopfaugen

Die Augen der Igel sind kugelig und glänzend schwarz. Ihre Sehleistung ist aber nur schlecht ausgebildet; da die Tiere überwiegend nachts und in der Dämmerung unterwegs sind, schränkt sie das nicht weiter ein.

So klein sie auch sind – Igel können ganz schön laut werden. Sind sie auf Nahrungssuche, hört man sie gelegentlich leise schnauben, niesen und schmatzen. Vor allem nachts oder während der Paarungszeit hört man sie im ganzen Garten. Igel fauchen, puffen wie kleine Dampflokomotiven oder streiten sich lauthals keckernd um ein Weibchen. Manchmal erinnern diese Geräusche auch an ein lautes Schnarchen oder Sägen.

Igelgeräusche zum Reinhören

Wenn Sie selbst einmal reinhören wollen in die Igelsprache, dann werden Sie im Internet schnell fündig. Auf youtube.com können Sie Igel in diversen Lebenslagen hören und sehen.

Dabei können sie einen solchen Radau machen, dass wir davon wach werden – vor allem, wenn sie ihr Spektakel unter dem Schlafzimmerfenster veranstalten.

Igel fressen gerne Regenwürmer.
(Foto: Judith Pfefferli)

Was dem Igel schmeckt

Igel gehören zur Ordnung der Insektenfresser. Ihnen schmecken neben Käfern aber auch Larven, Regenwürmer, Schnecken und Spinnen. Ihr Gebiss ist jedoch auf das Knacken der bisweilen harten Schalen ihrer Nahrung ausgerichtet. Als seltener, aber besonderer Leckerbissen gelten Ohrwürmer.

Eier bodenbrütender Vögel, wie zum Beispiel von Fasanen oder Lerchen, genießt der Igel gern zwischendurch. Ab und zu frisst er auch kleine Wirbeltiere wie Mäuse oder Aas. Nur gelegentlich knabbert er jedoch an Pflanzenteilen oder Fallobst. Letzteres vermutlich, um mit dem süßlichen Fruchtsaft seinen Durst zu stillen – als Alternative zu Wasser.

Leibspeise Insekten

Nahrung	Angenommener Anteil an der Igelmahlzeit in Prozent
Käfer	30-65
Raupen, Larven	17-48
Regenwürmer	0-34
Heuschrecken, Ohrwürmer, Bienen, Wespen	0-11
Schnecken	2-10
Vögel, Eier	0-10
Kleine Säugetiere, Mäuse	0-5
Pflanzenteile	0-9

Nach: Weiler/Schultz (In: Dokumentation der 2. Fachtagung Rund um den Igel, Münster 2001)

Igelkinder haben weiche weiße Stacheln. (Foto: Judith Pfefferli)

Liebesspiel Igelkarusell

Igel bringen normalerweise einmal im Jahr ihre Jungen zur Welt. Zweitwürfe sind sehr selten und kommen, wenn, dann eher in wärmeren Gegenden vor. Wenn im Frühjahr auch bei uns langsam die Temperaturen steigen, gehen die sonst als Einzelgänger lebenden Igel auf Partnersuche. Lustige Geräusche hören wir dann vor allem in den warmen Nächten von Mai bis Juli. Da faucht und schnaubt es manchmal stundenlang in unseren Gärten. Bei ihrer Partnersuche haben die Kleintiere eine ganz eigene Eroberungsmethode: das Igelkarussell. Eine lautstarke Zeremonie und eine kräftezehrende Prozedur für das Männchen! Doch darauf ist es vorbereitet: Ausdauernd umkreist der Igelmann die Igelfrau. Die will zunächst nichts von dem paarungswilligen Männchen wissen, sie stellt kurzerhand ihre Stacheln auf, knurrt es an und boxt es weg. Doch der Igelmann gibt so schnell nicht auf.

Beharrlich führt er sein Karussell fort, bis sich die Igelfrau schließlich erweichen lässt. Manchmal dauert dieses Werben mehrere Nächte.

Der Kampf ums Weibchen

Kämpfende Igel sieht man nur sehr selten. Zur Paarungszeit kann es allerdings vorkommen, dass sich zwei Männchen mit aufgestellten Stacheln gegenüberstehen. Sie boxen sich dann mit gesenkten Köpfen in ihre Bäuche, ab und zu beißen sie auch zu. Dabei passiert aber meistens nicht viel. Der Verlierer rollt sich schließlich ein; der Kampf ist damit beendet.

Sind sich Männchen und Weibchen einig, beginnt die Paarung. Das ist nur scheinbar eine heikle Angelegenheit – denn das Weibchen macht es dem Männchen leicht und legt seine Stacheln flach an den Körper an, damit es sich nicht verletzt. Nach dem Akt trennen sich die beiden rasch wieder und gehen ihrer eigenen Wege.

Der Igelnachwuchs

Die wenigsten Igelweibchen werden gleich bei der ersten Paarung trächtig. Oft sind einige Paarungsversuche nötig, bis sich Nachwuchs einstellt. Die meisten Igeljungen kommen im August zur Welt, doch gibt es regionale Unterschiede: In wärmeren Regionen sind Igel etwas früher dran als im kühleren Norden. Das Igelzentrum Zürich in der Schweiz erhält beispielsweise bereits ab der zweiten Junihälfte sehr viele Igelbabymeldungen.

Nackt und hilflos

Ist erst einmal Nachwuchs unterwegs, beginnt für das Igelweibchen die Phase des Nestbaus. Ein Haus für eine Igelfamilie muss um einiges größer, wärmer, stabiler, trockener und auch besser gepolstert sein als ein normales Schlafhaus für Singles. Igelbabys werden nackt geboren und sind daher besonders auf ein wärmendes Nest angewiesen. Etwa 35 Tage hat das Weibchen dafür Zeit, dann kommt der Nachwuchs auf die Welt. Ein normaler Wurf zählt zwischen zwei und sieben Igelbabys. Sie

Igelkinder werden von der Mutter aufgezogen. (Foto: Omika/fotolia.de)

sind bei ihrer Geburt nur etwa 6 Zentimeter lang und wiegen zwischen 12 und 25 g. Ihre noch weichen, weißen „Geburtsstacheln" fallen nach einigen Tagen aus und dunklere wachsen nach. Das wiederholt sich in den ersten Lebenswochen noch ein zweites Mal, danach ist die endgültige Igelrüstung fertig. Erst zwei Wochen nach der Geburt öffnen sich die Augen und Ohren der jungen Igel. Vorher sind sie völlig hilflos und ganz auf ihre Mutter angewiesen.

Alleinerziehende Mütter

Nach der Paarung verlässt das Männchen das Weibchen. Die Igelmutter zieht ihre Kinder allein groß. Sie lebt mit ihnen etwa sechs Wochen zusammen, danach trennen auch sie sich. Die Aufzucht der Jungen ist für das Weibchen sehr anstrengend: Nest und Nachwuchs müssen sauber gehalten werden, die Kleinen wollen auch tagsüber gesäugt werden und nachts macht sich die Mutter auf, um Nahrung für sich selbst zu finden.

Start ins Igelleben

Nach drei Wochen bekommen die Igelbabys erste Milchzähne. Wenige Tage später unter- nehmen sie bereits die ersten Ausflüge und verlassen das schützende Nest. Die Mutter hilft ihnen aber nicht bei der Futtersuche, das müssen die Igeljungen allein lernen. Nach durchschnittlich 42 Tagen haben sie durch Versuch und Irrtum gelernt, was ihnen schmeckt und bekommt. Nun hört die Igel- mutter ganz auf, sie zu säugen. Sobald sie ohne sie leben können, verlassen die Jungen das Nest und suchen sich ihren eigenen Le- bensraum.

Igel säugen etwa sechs Wochen ihre Kinder. Danach fressen sie auch feste Nahrung. (Foto: Judith Pfefferli)

Der Winterschlaf

Igel sind die einzigen Insektenfresser, die einen langen Winterschlaf halten – je nach Außentemperatur können sie bis zu einem halben Jahr schlafen. Gesunde Igel haben sich dafür im Herbst ein dickes Fettpolster angefressen, das sie mit Energie versorgt, während sie die kalten Monate verschlafen. Zusätzlich sitzt sie im Nacken- und Schulterbereich ein braunes Fettgewebe. Je dicker ihre Fettdepots sind, desto bessere Chancen haben sie, die Winterzeit gut zu überstehen.

Steuermechanismen

Im Winterschlaf läuft der gesamte Organismus des Igels auf Sparflamme: Der Igel atmet nur noch wenige Male pro Minute. Deshalb wird der Winterschlaf auch oft „kleiner Tod" genannt.
Sein Herzschlag sinkt von 170 bis 200 Schlägen pro Minute auf weniger als zehn, die Körpertemperatur sinkt von 35 °C auf etwa 5 °C ab. Dabei gleicht sie sich in etwa der Außentemperatur an, lediglich bei Frost springt eine Art „Notfallsicherung" an: Der Organismus steigert seinen Umsatz leicht und wärmt den Igel dadurch so weit, dass er nicht einfriert. Steigt die Außentemperatur wieder in den Plusbereich, schaltet die Notfallheizung sich ab.

Risiken minimieren

Während der Schlafenszeit verliert der Igel rund 30 Prozent seines ursprünglichen Gewichts. Damit er im Frühjahr auch wieder aufwachen kann, braucht er noch eine kleine Energiereserve, denn dieses Erwachen ist ein sehr kräftezehrender Prozess. Gerade bei Jungigeln entscheidet der erste Winterschlaf über Leben und Tod. Die Zahlen variieren hier sehr stark, man kann jedoch davon ausgehen, dass drei Viertel aller Jungigel ihren ersten Geburtstag nicht erleben.

Die Sterblichkeitsrate bei Igelbabys ist generell sehr hoch, da viele spät geborene Jungigel es nicht mehr rechtzeitig schaffen, Fettpolster aufzubauen, bevor mit dem einbrechenden Winter ihr Nahrungsangebot knapp wird. Wiegt ein Igel vor dem Winterschlaf unter 500 g, sinken seine Überlebenschancen dramatisch. Eine harte Auswahl der Natur, sie stellt jedoch sicher, dass nur gesunde und geschickte Tiere überleben und sich weiter fortpflanzen.

Rechtzeitig Fettpolster anlegen

Spätestens ab Mitte Oktober wird das Nahrungsangebot immer spärlicher. Käfer und Larven finden sich nun immer seltener. Für junge Igel bedeutet das oft großen Stress, denn auf ihren nächtlichen Jagdausflügen erbeuten sie nur noch wenig Nahrung. Ihr Instinkt treibt sie jetzt häufiger auch tagsüber aus dem Nest, um sich noch rechtzeitig die nötigen Fettreserven für den Winterschlaf anzufressen. Manche Jungigel sind daher erst im November oder Dezember bereit für den Winterschlaf.

Ohne ausreichende Energiereserven überleben Igel den Winterschlaf nicht. Bei stark abgemagerten Igeln zeigt sich die sogenannte

Hungerfalte: eine deutliche Falte am Übergang zwischen Kopf und Rücken, die fast wie ein Hals aussieht. Der Igel wirkt insgesamt mager, seine Körperform eher länglich. Zum Vergleich: Gut genährte Igel sehen schön rundlich aus, eine Hungerfalte ist nicht zu erkennen.

Was löst den Winterschlaf aus?

Mehrere Faktoren spielen hier vermutlich eine Rolle: Die Igel finden nur noch wenig Nahrung, die Temperaturen sinken dauerhaft unter 5 °C, das Tageslicht nimmt ab, der Hormonhaushalt der Tiere verändert sich und ihr Blutzuckerspiegel sinkt. All das zusammengenommen lässt die Tiere den Winterschlaf beginnen.

Igelweibchen fallen etwa einen Monat später in den Winterschlaf als Igelmännchen, denn sie müssen sich erst noch von der anstrengenden Aufzucht ihres Nachwuchses erholen und haben daher einen gehörigen Nachholbedarf an Futter. In einem normalen Winter schlummern Igel eingekugelt von Oktober/November bis etwa März/April. Ab und zu wachen sie zwischendurch kurz auf, suchen nach etwas Fressbarem und rollen sich danach wieder zum Schlafen ein.

Das Winterquartier

Bevor Igel in den Winterschlaf fallen, bauen sie sich ein warmes Nest. Igel haben nämlich kaum wärmendes Fell und müssen sich daher auf diese Weise vor der klirrenden Kälte schützen. Die Winternester sind zudem we-

sentlich stabiler und viel besser isoliert als die normalen Schlafnester. Igel bauen ihr Winterquartier gern in geschützte, trockene Ecken wie unter Reisighaufen und Holzstößen oder in große Laubhügel.

Bei sinkenden Temperaturen wird der Winterschlaf ausgelöst. (Foto: cixxier/fotolia.com)

Steinhaufen bieten zahlreichen Tieren Unterschlupf. (Foto: Igelzentrum Zürich)

Im Herbst kann man mit etwas Glück die Igel beim Hausbau beobachten. Sie bringen nun allerhand Dämmmaterial in ihr Nest, vor allem Laub und Gras. Sie tragen dieses im Maul, kriechen in ihre Höhle und drehen sich darin mehrmals um die eigene Achse, sodass sie das Laub zu einer schuppenartigen Schicht zusammendrücken.

Aufgeschichtetes Holz wird von Igeln gerne als Unterkunft angenommen. (Foto: Claudia Biermann)

Die Bedeutung des Winterschlafs

Auch wenn viele Igel den Winterschlaf nicht überleben, ist er ein sehr wichtiger Bestandteil im Leben des Wildtiers. Igel, die keinen Winterschlaf halten, weil sie beispielsweise bei Menschen bei zu hohen Temperaturen überwintern, haben im Frühling deutlich mehr Probleme als „ausgeschlafene" Igel. Eine Studie zeigte: Nur 10 bis 20 Prozent dieser Igel überleben. Manche versuchten sogar, den Winterschlaf im Frühling nachzuholen. Andere gerieten unter der Obhut von Menschen derart in Stress, dass sie Futter verweigerten oder sich gar bei Ausbruchsversuchen verletzten.

Zeit zum Aufwachen

Im Frühjahr, wenn die Temperaturen steigen und in der Natur wieder ausreichend Nahrung vorhanden ist, verändert sich der Stoffwechsel des Igels erneut und gibt ihm das Signal:

Aufwachen! Dieser Prozess kostet den Igel noch einmal viel Kraft und Energie, denn innerhalb weniger Stunden steigt seine Körpertemperatur um etwa 20 °C. Die Herzfrequenz beschleunigt sich und auch die Zahl der Atemzüge nimmt deutlich zu, der Igel bewegt als Erstes seinen Kopf, reckt die Glieder und steht noch ziemlich wackelig auf den Beinen. Das Muskelzittern soll seine Körpertemperatur schneller ansteigen lassen. Ist er erst einmal richtig aufgewacht, begibt er sich sofort auf Nahrungssuche. Er ist völlig abgemagert und muss sich erst wieder das Gewicht anfressen, das er während des Winterschlafs verloren hat. Übrigens: Männchen wachen etwas früher aus dem Winterschlaf auf als Weibchen. Sie sind meist bereits wieder fit, bis diese aufwachen, und kräftig genug für die bevorstehende Paarungszeit.

Auswirkungen des Klimawandels

Seit einigen Jahren stellen Umwelt- und Tierschützer fest, dass Igel immer früher aus dem Winterschlaf aufwachen oder ihn häufiger unterbrechen. Schuld daran ist der Klimawandel, der uns oft sehr milde Winter beschert, in denen die Temperatur manchmal tagelang über 5 °C liegt. Das lässt die Igel aufwachen, in manchen Jahren beenden viele bereits Ende Januar ihren Winterschlaf. Wird es dann noch einmal frostig, wird es für das Überleben der Igel schwierig, denn ihr dünnes Stachelkleid hält die Kälte nicht ab. Doch selbst ohne erneuten Wintereinbruch stellt sie das frühe Aufwachen vor Schwierigkeiten: Nahrung ist kaum zu finden und der verbliebene Winterspeck reicht nicht aus, um diese Durststrecke zu überbrücken. Nach ungefähr zwei Wochen sind die restlichen Fettreserven aufgezehrt. So geraten über Jahrmillionen entstandene biologische Muster durcheinander. Es gibt jedoch auch Forscher, die sich sicher sind: Wer Jahrmillionen überlebt hat wie der Igel, der hat auch heute gute Chancen, sich diesen veränderten klimatischen Bedingungen anzupassen.

Igel & Co – Vorfahren- und Verwandte

Die Vorfahren der heutigen Igel sind uralt. Die urtümlichen Insektenfresser, die Eulipotyphla, entwickelten sich gegen Ende der Kreidezeit, als die Dinosaurier und viele Reptilien ausstarben und die höheren Säugetiere ihren Siegeszug antraten. Vermutlich vor etwa 65 Millionen Jahren gab es bereits die ersten igelähnlichen Wesen, die *Erinaceomorpha*. Sie ernährten sich von Insekten. Bei Darmstadt, im UNESCO-Welterbe Grube Messel, haben Forscher schon mehrfach Überreste der Igelvorfahren entdeckt. Erst 2012 stießen Paläontologen erneut auf einen fossilen, igelartigen Insektenfresser, den *Macrocranion tupaiodon*.

Die Vorfahren der Igel sollen größer gewesen sein als die heutigen Igel, ihre Hinterbeine länger als die vorderen, sodass über ihre Fortbewegungsweise bisweilen spekuliert wird: Vom Hüpfen über Laufen auf zwei Beinen ist alles denkbar.

Anpassungsfähiges Erfolgsmodell

Viele dieser igelartigen Insektenfresser sind heute ausgestorben, andere haben sich den ständig variierenden klimatischen Lebensbedingungen auf der Erde immer wieder angepasst und sich verändert, bis die Tiere schließlich ungefähr so aussahen, wie wir sie heute kennen. Das war vor etwa 15 Millionen Jahren. Igel gelten daher als DAS Erfolgsmodell der Evolution.

Wilde Igel leben heute nur noch in Europa, Asien und Afrika. In Australien Nord- und Südamerika leben keine Igel.

Die stachellose Verwandtschaft

Biologen und Zoologen gaben dem Igel den wissenschaftlichen Familiennamen *Erinaceus*. Die ganze Igelfamilie besteht weltweit aus rund 25 Arten, wobei zwei unterschiedliche Zweige existieren: Stacheligel und die stachellosen Ratten- oder Haarigel. Die in Südostasien heimischen Haar- oder Rattenigel ähneln unseren Igeln nur wenig: Sie besitzen keine Stacheln, sondern ein dichtes Fell. In Europa leben ausschließlich die Echten Igel.

Echte Igel

Die Echten Igel untergliedert man in drei Gattungen: Kleinohrigel, Langohrigel und Wüstenigel. Unser einheimischer Igel ist der Kleinohrigel, der in weiten Teilen Europas zu Hause ist und auch als Braunbrustigel, Westigel oder wissenschaftlich als *Erinaceus europaeus* bezeichnet wird. Er lebt in Mitteleuropa, genauer gesagt in einem Gebiet, das von Spanien über Norditalien bis nach Südschweden, Nordrussland und Sibirien reicht.

Je nach Klima variiert das Aussehen des Igels. Es gibt neben den überwiegend dunkel gefärbten Igeln in Mittel- und Südeuropa auch solche mit fast weißem Fell und helleren Stacheln. Vor allem in Osteuropa und Südrussland kennt man diese Weißbrust- oder Ostigel. Sie unterscheiden sich vom Braunbrust-

Die Ohren sind zwar klein, doch die Kleinohrigel hören trotzdem gut. (Foto: Weikel/Koisegg)

igel außer durch die hellere Färbung ihres Brust- und Kinnbereichs auch in der Größe, sie sind nämlich etwas kleiner. Sonst ähneln sich die Tiere sehr.

Igel in der Wüste

Langohrigel sind ebenfalls kleiner und leichter als unsere einheimischen Igel. Sie haben große, bewegliche Ohren und leben in den Wüsten und Steppen Nordafrikas, Südrusslands sowie in Indien, China und im Iran. Sie haben oft einen dunklen Kopf mit weißen Streifen über der Stirn. Um der großen Hitze in den Wüsten zu entkommen, buddeln sich Wüstenigel gern eine Höhle in den kühlen Erdboden oder ziehen sich in eine Felsspalte zurück.

Spitzmäuse sind mit Igeln verwandt. (Foto: creativeNature.nl/shutterstock.com)

Stachellose Verwandte

Auch wenn man es nicht erwarten würde: Stacheln allein sind kein Kriterium, um ein Mitglied der Igelfamilie zu sein: Stachelschweine und der australische Ameisenigel gehören trotz ihrer zunächst irreführenden Namen nicht dazu. Dagegen zählen Maulwürfe und Spitzmäuse zur Igelverwandtschaft.

Igel in ihrem Element

In Europa finden wir überwiegend den mitteleuropäischen Braunbrustigel, *Erinaceus europaeus*. Er lebt in der Nähe von uns Menschen: an grünen Stadt- und Dorfrändern mit vielfältigem Pflanzenwuchs, aber auch in Grünflächen wie Parks und Gärten in der Stadt.

Igel sind sehr anpassungsfähig; sie sind Kulturfolger und gehen dorthin, wo sie überleben können. Anfangs waren vermutlich die

Wälder und deren Randgebiete ihre Lebensräume. Als diese mit zunehmender Bewirtschaftung und Aufforstung immer monotoner wurden, wanderten die Igel aus in die vielfältigere Kulturlandschaft von Äckern, Wiesen und Hecken. Doch auch diese Biotope wurden zerstört. Damit verringerte sich auch hier die Vielfalt des Nahrungsangebots, sodass die Igel sich einen neuen Lebensraum in der Nähe des Menschen suchen mussten.

Tolerante Einzelgänger

Igel sind Einzelgänger, sie tolerieren aber Artgenossen in der Umgebung, vor allem Weibchen. Die Zahl der lebenden Weibchen in einem Streifgebiet macht dieses für Igel-

Selten sieht man einen Igel auf offener Wiese. (Foto Igelzentrum Zürich)

männchen sogar besonders attraktiv. Igelreviere im herkömmlichen Sinn gibt es eigentlich nicht, mehrere Igel teilen sich ein größeres Gebiet, das sie nicht gegenüber Artgenossen verteidigen. Sie sind zwar nicht gerade begeistert, wenn ihnen ein anderer Igel über den Weg läuft, und schnauben oder fauchen sich dann schon mal böse an, Kämpfe sind aber selten. Zur Paarungszeit sieht das allerdings anders aus: Wenn sich zwei Männchen für dasselbe Weibchen interessieren, kämpfen auch die sonst eher friedliebenden Igel um die Auserwählte und natürlich darum, ihre Gene in die nächste Generation weiterzugeben.

Das Wandern ist des Igels Lust

In ländlichen Regionen kann ein Igelstreifgebiet zwischen zehn und 30 ha groß sein, das eines Männchens sogar bis zu 100 ha – das entspricht etwa der Größe von zehn bis 100 Fußballfeldern!

Igelmännchen legen auf der Suche nach einem Weibchen beachtliche Wegstrecken zurück. Mehr als sechs km soll ein Männchen schon herumgewandert sein – in einer einzigen Nacht! Doch auch ihr „normales" Laufpensum kann sich sehen lassen: Zwischen 800 und 2 000 Meter sind keine Seltenheit. Im Durchschnitt legen Igelmännchen zwischen drei und vier Meter in der Minute zurück.

Immer der Nase nach

Stöbern Igel nach Nahrung, sind sie langsamer unterwegs; auf Freiersfüßen – mit dem

Duft eines Weibchens in der Nase – geht es schneller. Strecken Igel ihre Beine erst einmal richtig durch, kommen ihre zehn Zentimeter lange Laufbeine zum Vorschein. Deshalb können sie sich auch erstaunlich rasch fortbewegen. Es soll sogar schon einmal ein Igel beobachtet worden sein, der mit einer Geschwindigkeit von 60 Meter in der Minute über eine Wiese geflitzt ist. Trotzdem bleiben sie immer in der Nähe ihres Nestes: Sie entfernen sich selten mehr als einen Kilometer davon.

Home, sweet home

Weibchen haben dagegen kleinere Streifgebiete. Für sie zählt in erster Linie das beste Nahrungsangebot. Finden sie mehrere benachbarte Gärten mit gutem Insektenbestand und passenden Verstecken, richten sie sich hier schnell gemütlich ein.

Igel sind standorttreu. Haben sie sich einmal für ein Gebiet entschieden, bleiben sie dort oft ihr ganzes Leben lang. Veränderungen in ihrem Lebensraum registrieren sie sofort.

Navi im Kopf

Igel haben einen ausgesprochen guten Orientierungssinn. Ihr Gebiet speichern sie wie eine Landkarte im Gedächtnis ab. Wie das genau funktioniert, ist noch nicht ganz klar: Vermutlich orientieren sie sich an Gerüchen und Geräuschen. Igel wissen, wo gute Futterplätze, Wasserstellen und Verstecke zu finden sind. Auch Aus- und Eingänge zu Nachbarsgärten sind auf der inneren Igellandkarte festgehalten. Aus diesem Grund ist es sehr wichtig, einen Igel wieder genau dort auszusetzen, wo man ihn gefunden hat.

Hecken sind als Unterschlupf für Igel ideal. (Foto: Igelzentrum Zürich)

Der größte Feind der Igel ist der Mensch mit seinen technischen Errungenschaften. (Foto: Igelzentrum Zürich)

Gefährliches Igelleben

Frei lebende Igel werden im Durchschnitt nur zwei bis vier Jahre alt, obwohl sie theoretisch auch sieben bis acht Jahre alt werden könnten. Das Leben in der Natur birgt viele Gefahren. Viele junge Igel sterben wie bereits gesagt im Spätherbst und Winter, weil sie noch nicht stark genug für den kräftezehrenden Winterschlaf sind.

Versagender Schutzmechanismus

Im Sommer sterben viele Igel, weil sie von Autos überfahren werden. Vor allem Männchen überqueren während der Paarungszeit auch stark befahrene Straßen und werden dabei häufig Opfer von Unfällen. Hier wird ihr sonst so ausgeklügelter und erfolgreicher Schutzmechanismus zur bösen Falle: Auch die stärkste Igelkugel hat gegen ein Auto nun einmal keine Chance.

Eine Studie aus der Schweiz berichtet davon, dass 75 Prozent aller tot aufgefundenen Igel von einem Auto überfahren worden sind. „Fuß vom Gas!", so lautet daher eine simple Regel für Igelfreunde. Dann können Sie rechtzeitig bremsen, wenn sich ein Igel ausgerechnet die Straße als Gehweg ausgesucht hat. Normalerweise sind sie dort vor allem bei Einbruch der Dunkelheit unterwegs. Halten Sie also die Augen offen!

Natürliche Feinde

Igel haben nur wenige natürliche Feinde. Und gegen diese können sie sich mithilfe ihres Stachelkleids in aller Regel sehr gut schützen. Da sie von Natur aus schreckhaft sind, stellen sie sofort die Stacheln auf oder rollen sich flugs zu einer Kugel zusammen, sobald sie sich in Gefahr glauben.

Die gefährlichsten natürlichen Feinde des Igels sind die ebenfalls nachtaktiven Dachse, Uhus und Füchse. Nachdem der Dachs in verschiedenen regionen schon als ausgestorben galt, hat er sich mittlerweile schon wieder weit verbreitet. Dachse leben meist in der Nähe des Waldes und in ländlichen Regionen; in Siedlungsgebieten sind sie hingegen nicht zu finden. Igel und Dachs sind direkte Nahrungskonkurrenten: Beide fressen gern Insekten und suchen daher an denselben Stellen nach Fressbarem. Verschiedene Studien belegen, dass Igel ein Streifgebiet meiden, wenn sie darin einen Dachs riechen. Ist das Nahrungsangebot aber sehr knapp, kann ein Igel kaum ausweichen.

Jäger in der Nacht

Auch für Uhus sind Igel eine lohnende Beute. Die tatsächliche Gefahr für Igel hält sich aber in Grenzen: In Österreich leben — laut Angaben von BirdLife Österreich — etwa 400 Uhupaare. Gegen die großen Eulentiere hilft dem Igel auch das sonst sehr bewährte Einrollen nichts. Mit ihren langen Krallen können die Vögel nämlich problemlos das Stachelkleid der Igel packen, ohne sich selbst dabei zu verletzen.

Fuchs & Marder

Auch Füchse und Marder sagen zu Igeln nicht Nein. Mit ihren äußerst scharfen Zähnen können sie gut zubeißen. Kranke oder geschwächte Igel, die tagsüber unterwegs sind und sich nicht mehr einrollen können, sind auch vor tagaktiven Greifvögeln nicht sicher. Insgesamt betrachtet, stellen die natürlichen Feinde des Igels jedoch keine tatsächliche Bedrohung für den Igelbestand dar — die Zahl der durch Autos getöteten Igel ist wie gesagt weitaus höher.

Igel und Haustiere

Auch unsere Haustiere können Igeln in der Regel nur wenig anhaben: Neugierige Hunde und Katzen lassen nach der ersten schmerzhaften Bekanntschaft mit seinen spitzen Stacheln den Igel meist sehr schnell wieder in Ruhe — ein guter, aber kein absolut sicherer Schutz für Igel, denn besonders junge, noch

Die Igelstacheln schützen nicht gegen den Angriff eines Uhus. (Foto: veneratio/fotolia.com)

unerfahrene oder kranke Igel werden immer wieder mit Bissverletzungen in Igelzentren gebracht. Igelbabys haben nämlich noch keine ausgeprägten Schutzmechanismen entwickelt. Anfangs können sie sich auch noch nicht zur Kugel einrollen und deshalb leicht von Hunden und Katzen gebissen oder gar gefressen werden.

Hunde buddeln manchmal Igel im Winterschlaf aus; dabei können sie diese schwer verletzen oder gar töten. Wenn ein Igel so plötzlich aus dem Winterschlaf geweckt wird, kann er sterben.

Die größte Bedrohung

Der größte Feind des Igels sind wir Menschen. Nicht nur, dass wir jedes Jahr viele mit unseren Autos überfahren, wir grenzen auch ihren Lebensraum immer weiter ein, bauen unüberwindliche Hindernisse auf und stellen ihnen – oft ohne es zu wollen und zu wissen – gefährliche Fallen, zum Beispiel in unseren Gärten.

Leben im Verborgenen

Als aktive Einzelgänger sind Igel in freier Wildbahn meist nachts und in der Dämmerung unterwegs. Nur selten sieht man sie tagsüber über Wiesen laufen oder unter Hecken sitzen.

Hunde haben großes Interesse an den stacheligen Gesellen. (Foto: Jan Kupracz/fotolia.com)

Die Beobachtung der Tiere ist daher nicht leicht. Igelforscher haben deshalb einen ziemlich schwierigen Job und müssen sich schon einiges einfallen lassen: Ausgestattet mit einem Nachtsichtgerät verfolgen sie ihr Ziel mit Peilsendern, doch die Stacheltiere entwischen ihnen immer wieder. Sie sind wahre Meister im Verstecken, und die Forscher können schlecht in der Nacht wie ein Igel von einem Garten in den nächsten klettern. Es gibt viele Hindernisse, die eine kontinuierliche Beobachtung der Tiere erschweren. Trotzdem haben sie so manches über das Verhalten der Igel herausgefunden.

Langschläfer unter sich

Den Tag verbringt das Stacheltier schlafend in seinem Nest, manchmal findet man es auch schlafend unter einer Hecke oder im hohen Gras. Gelegentlich wechselt es seinen Schlafplatz. Gemeinsam mit der Fledermaus und dem australischen Opossum teilt sich der Igel mit 17 bis 18 Stunden Schlaf den Titel „bester Langschläfer" unter den Wildtieren. Sobald jedoch die Sonne untergeht, wird er aktiv: Bei Einbruch der Dämmerung kriecht er aus seinem Versteck hervor und macht sich sofort langsam und bedächtig auf die Suche nach Nahrung.

Auf der Suche nach Essbarem

Igel sehen nicht besonders gut, dafür hilft ihnen ihre ausgezeichnete Nase. Sie halten sie dicht an den Boden und erschnüffeln so Fressbares. Rund um die Schnauze befinden sich

Unter Gehölzen, in wenig einsehbaren, verborgenen Bereichen gehen Igel auf Nahrungssuche. (Foto: Igelzentrum Zürich)

Tasthaare, mit denen sie jede Bewegung eines möglichen Opfers registrieren. Entdecken sie ein Beutetier, verharren sie kurz und schnappen dann meist ganz plötzlich danach. Besonders in Gras und Laub wird der Igel fündig. Mehrere Hundert Meter legt er auf der Suche nach Beute zurück. Man sieht ihn dabei unter Hecken, aber auch gern auf kurz geschnittenen Wiesenstücken herumstreifen. Darauf kann er problemlos laufen.

Zweitwohnsitz als Tagquartier

Je trockener und wärmer es ist, desto häufiger sucht er schützende hohe Wiesen und kühle Hecken auf. Den Großteil der Nacht verbringt der Igel mit der Nahrungssuche. Seine aktivsten Stunden sind direkt nach Sonnenuntergang und gegen drei Uhr nachts.

Ab und zu baut er an seinen „Tages"-Nestern, trägt Laub zusammen und polstert seinen Schlafplatz aus. Er hat mehrere dieser Nester und wechselt von einem zum anderen, daher baut er sie meist nicht besonders stabil, sondern eher schlampig. Sobald die Sonne aufgeht, steuert der Igel einen seiner Schlafplätze zum Ausruhen an.

Ein kleines Stück
Natur vor der Haustür

(Foto: monika/fotolia.com)

Was bedeutet Naturgarten?

Im naturnahen Garten herrschen natürliche Vielfalt und (Un-)Ordnung statt Eintönigkeit und Ordnung. Wer sich die Natur zum Vorbild für seinen Garten nimmt, gestaltet einen gesunden, stabilen Lebensraum. Das bedeutet aber nicht zwangsläufig unkontrollierten Wildwuchs, sondern eine vom Menschen gestaltete und gelegentlich „kontrollierte Wildnis". Die Natur erhält so viel Freiraum wie möglich, aber es muss auch ausreichend Platz für uns bleiben: zum Erholen, Spielen und Entdecken.

Naturnah angelegte Gärten sind gar nicht so schwer zu realisieren, wie man glaubt. Sie haben es selbst in der Hand, wie der Garten aussehen soll und wie vielfältig belebt er ist.

Gartengestaltung ist aber auch ein schöpferisches Werk. Berücksichtigen Sie bei der Planung oder Umgestaltung Ihres Gartens lediglich die Lichtverhältnisse (Sonne/Halbschatten/Schatten) und die Beschaffenheit des Bodens und setzen Sie standortgerechte Pflanzen ein, das sind die wichtigsten Voraussetzungen für das Gelingen Ihres Vorhabens Naturgarten.

Einfach anfangen

Vielfalt heißt das Zauberwort im naturnahen Garten. Um einen normalen Hausgarten in einen naturnahen Garten zu verwandeln, ist gar nicht so viel Arbeit nötig, aber es bedarf etwas Zeit und Geduld. Drei bis vier Jahre müssen Sie bestimmt rechnen, bis sich Ihr ge-

Eine Wiese wird für Kinder zum großen Spiel- und Entdeckungsfeld. (Foto: Surkov Dimitri/Shutterstock.com)

pflegter englischer Rasen in eine prachtvolle Blumenwiese verwandelt hat. Gehen Sie schrittweise vor, indem Sie den Garten Stück für Stück, Jahr für Jahr um einzelne Elemente ergänzen und umgestalten. Fangen Sie mit einzelnen „Naturinseln" an. Sie müssen und können gar nicht alles auf einmal schaffen, vieles fliegt Ihnen von allein zu.

Anfangs lassen sich Tiere mittels selbst gebauter oder gekaufter Nützlingsquartiere anlocken, nach und nach entstehen diese dann im Naturgarten von selbst.

Gesunder Boden

Der Boden in konventionell genutzten Gärten ist oft hoffnungslos überdüngt. Viele unserer einheimischen Wildpflanzen gedeihen jedoch am besten auf nährstoffarmen Böden, die meisten wachsen sogar problemlos auf sandigem Magerboden.

Im Naturgarten wird die Erde statt mit chemischen Substanzen mit organischem Dünger genährt. Kompost oder andere organische Dünger geben der Erde auf natürliche Weise, was sie braucht. Er versorgt die Kleinstlebewesen in der Erde mit Nährstoffen. Bei Bedarf geben diese die Nährstoffe dann an die Pflanzen ab. Kunstdünger gibt sie jedoch direkt an die Pflanzen ab. Das sorgt häufig für eine Überversorgung der Pflanzen, was diese anfälliger macht für Krankheiten und Schädlinge. Außerdem schadet Kunstdünger den Bodenlebewesen und gelangt auch ins Grundwasser.

Um den Boden mit Kompost zu versorgen, muss gar nicht tief gegraben werden – im Gegenteil: Wer den Boden tief mit einem Spa-

Komposthaufen können sich in einer Ecke schön in den Garten einfügen. (Foto: Friedberg/fotolia.com)

ten umgräbt, tötet viele Bodenorganismen und zerstört das natürliche Bodengefüge. Besser ist es meist, lediglich die obere Erdschicht mit einer Harke zu lockern und – falls überhaupt nötig – Kompost oberflächlich unterzuarbeiten.

Zusammenhänge verstehen

In einem intakten Naturgarten herrscht ein ökologisches Gleichgewicht. Das bedeutet auch, dass sich der Befall mit Schädlingen meist in Grenzen hält, weil deren natürliche Feinde diese in Schach halten. Eine eiserne Regel gilt für jeden Naturgarten: Finger weg von Pestiziden, Herbiziden und Düngemitteln. Stattdessen kommt es darauf an, die Gesundheit und Abwehrkräfte der Pflanzen zu stärken, wozu

Laufkäfer sind nützlich und schön.
(Foto: Martina Berg/fotolia.com)

Eine Rabatte aus Tagetes zieht Schnecken magisch
an – und lenkt vom Gemüse ab.
(Foto: Alipictures/pixelio.de)

auch das richtige Bewässern zählt, Nützlinge nach Kräften zu fördern und den Garten für sie so attraktiv wie möglich zu gestalten.

Sogar die sogenannten Schädlinge sind meist für etwas gut und haben eine wichtige Funktion im Ökosystem. Ärgern Sie sich zum Beispiel über Laufkäfer in Ihrem Garten? Hören Sie auf damit! Laufkäfer und deren Larven fressen schädliche Kartoffelkäfer und Schnecken. Und Igel wiederum lieben Laufkäfer. So erledigt sich im Naturgarten manches Problem von allein.

Lediglich bei einem massiven Schneckenbefall versagen bisweilen natürliche Regulierungsmechanismen. Hier gibt es unzählige mehr oder weniger wirksame Tipps leidgeprüfter Gärtner. Manche schwören auf Köder

und Schneckenzäune, andere auf die Strategie des „Unattraktivmachens" und umranden die gefährdeten Bereiche in den Beeten mit Sägespänen oder trockenem Stroh, da Schnecken Feuchtigkeit lieben und die trockene Barriere nur ungern überqueren. Großer Nachteil: Sobald es regnet, muss diese Barriere erneuert werden. Unterm Strich hilft am besten eins: Ködern und Einsammeln.

Das Angebot an Schneckenzäunen ist mittlerweile sehr groß. Ihnen allen ist gemeinsam, dass sie Schädlinge nicht töten, sondern nur abwehren. Es ist zwar zunächst eine einmalige höhere Investition nötig, doch die lange Haltbarkeit macht diese Ausgabe wieder wett.

Heimische Wildpflanzen willkommen

Naturgärtner verzichten auf exotische Blumen und Sträucher im Garten und beschränken sich weitgehend auf einheimische Pflanzen und Gehölze. Diese sind nicht nur schön, sondern auch robust und ideal an unsere klimatischen Bedingungen und Böden angepasst. Sie gedeihen ohne Einsatz künstlicher Düngemittel prächtig, weil sie im idealen Lebensumfeld wachsen. Wildpflanzen sind zudem weniger anfällig für Schädlinge und Krankheiten und passen perfekt zu unseren einheimischen Wildtieren, Insekten, Spinnen und Schmetterlingen. Exotische Gewächse werden hingegen von unserer Insektenwelt eher gemieden, und wo wenige Insekten zu Hause sind, bleiben auch andere Wildtiere wie der Igel ganz aus.

Heimisch versus exotisch

Eine Hecke aus Wildsträuchern gehört unbedingt in jeden naturnahen Garten. Sie ist eigentlich das Wertvollste, was ein Naturgärtner schaffen kann. Insekten finden darin alles, was sie zum Leben brauchen: Nahrung, Schlafplätze und Verstecke.

Eine Weißdornhecke beherbergt etwa 150 Insektenarten, ein Paradies für Insektenfresser wie den Igel. Als Gegenbeispiel: Die im 16. Jahrhundert aus dem Balkan eingeführte Kastanie ist Heimat von lediglich vier Insektenarten. Noch ein Beispiel: Die Früchte des einheimischen Weißdorns werden von mehr als 30 Vogelarten gern verspeist; für seinen Verwandten, den nordamerikanischen Scharlachdorn, interessieren sich gerade mal zwei Vogelarten – in welcher Hecke wird wohl mehr los sein ...?

Lebensraum für alle

Die Hecke ist Treffpunkt zahlreicher Tierarten. Einen wunderbaren Lebensraum bietet sie Vögeln und Igeln, da sie hier nicht nur ausreichend Futter, sondern auch Schutz vor Feinden sowie Nist- und Schlafmöglichkeiten finden. Selbst im Winter entdecken hungrige Vögel hier noch Beeren an den Ästen.

Um eine Hecke möglichst attraktiv zu gestalten, empfiehlt es sich, verschiedene Heckensträucher leicht versetzt nebeneinander anzupflanzen – ideal ist eine dreireihige Hecke, die mehrere Etagen aufweist.

Weißdornhecken blühen früh im Jahr und setzen Farbtupfer in die erwachende Natur. (Foto: Maja Dumat/pixelio.de)

Ein kleines Stück Natur vor der Haustür

Unter der Hecke kann in der sogenannten Krautschicht ein zusätzlicher Lieblingsplatz für kleine Säugetiere und Insekten entstehen. Geeignet dafür sind Buschwindröschen, Ruprechtskraut, Veilchen, Schlüsselblumen, Bärlauch oder Glockenblumen. Das sieht auch noch hübsch aus.

Tummelplatz Totholz

Das Holz gefällter Bäume und geschnittenes Reisig sollte im naturnahen Garten unbedingt liegen bleiben oder zu einem Haufen aufgeschichtet werden. Schon bald verwandelt es sich in einen Tummelplatz für unzählige Insekten. Mehrere Jahre lang finden sie hier Nahrung sowie Lebens- und Wohnraum. Viele Käferarten überwintern im morschen Holz, damit dient es anderen Tieren als Nahrungs-

quelle. Auch größere Tiere fühlen sich darunter wohl: Frösche, Blindschleichen oder Salamander ziehen bisweilen ein. Spitzmäuse und Igel finden hier ebenfalls ein gutes Winterquartier. Verrottet das Holz über die Jahre, düngt es automatisch die Erde.

Bye-bye, englischer Rasen!

Ein kurz geschorener englischer Rasen lockt nur wenige Tiere an. Er bietet keinerlei Schutz vor Feinden und auch kein ausreichendes Nahrungsangebot. Die meisten Rasen werden zudem regelmäßig mit Kunstdünger behandelt – und das geht in einem naturnahen Garten gar nicht. Verzichten Sie lieber ganz auf den wöchentlichen Schnitt, dann siedeln sich schon bald erste Blumen an: Gänseblümchen, Günsel, Löwenzahn, Hahnenfuß oder Ehrenpreis.

Kleinere Blumenwiesen können auch im Garten angelegt werden. (Foto: Hans-Joachim Köhn/pixelio.de)

Wiesensalbei bringt Farbe in Wiesen und Staudenrabatten. (Foto: Axel Gutjahr/fotolia.com)

Wer für eine derartige Wiese weniger als 70 Quadratmeter Platz zur Verfügung hat, sollte sich besser auf ein Wildstauden- oder Wildblumenbeet beschränken. Auch dort siedeln sich viele Tiere an. Stauden mit ungefüllten Blüten sind dafür ideal geeignet, denn gefüllte Blüten haben oft keine Pollen und die Insekten kommen vor lauter Blütenblättern oft gar nicht an den Nektar heran. Damit sind sie für diese Tiere wertlos. Wildstaudenbeete kann man an nahezu jeder Stelle im Garten anlegen, für jeden Boden und alle Lichtverhältnisse gibt es entsprechende Stauden.

Noch besser: Säen Sie eine Blumenwiese an. Sie gedeiht am besten auf magerem und nährstoffarmem Boden. Die Wildbienen werden es Ihnen danken, und Sie selbst können sich bald an der Farb- und Duftgewalt der Blumen und Kräuter erfreuen. Übrigens muss die wilde Blumenwiese ja nicht gleich den ganzen Garten beherrschen. Gemähte Bereiche bieten Platz für Kinderspiele und einen Sitzplatz.

Wiese: Pro und Kontra

Ein weiterer klarer Vorteil der Naturwiese: Sie muss nur zweimal im Jahr gemäht werden. Scheren Sie aber nicht die ganze Fläche auf einmal, das bedeutet eine empfindliche Störung der vielen Bewohner und Nutznießer der Wiese. Lassen Sie immer einige Bereiche stehen und mähen Sie diese erst dann, wenn an den anderen Stellen Blumen und Gräser wieder weitgehend nachgewachsen sind. So können die Wildtiere immer ausweichen.

Wildstauden für mageren Boden:
Gelbe Resede, Gewöhnliches Leimkraut, Gewöhnlicher Wundklee, Hornklee, Natternkopf, Gewöhnlicher Dost, Königskerze, Klappertopf, Wegwarte, Taubenskabiose, Blutroter Storchenschnabel, Nachtkerze, Ackerglockenblume, Akelei, Rosenmalve.

Wildstauden für nährstoffreichen Boden:
Weinrose, Wiesenflockenblume, Wilde Möhre, Bunte Schwertlilie, Wiesenwitwenblume, Wilde Malve, Moschusmalve, Wiesensalbei, Habichtskraut, Pfirsichglockenblume, Blauer Eisenhut, Gewöhnliche Akelei, Stinkende Nieswurz.

Wildstauden für schattige Standorte:
Bärlauch, Scharbockskraut, Buschwindröschen, Schlüsselblume, Lungenkraut, Goldnessel, Waldmeister, Nesselblättrige Glockenblume, Gelber Fingerhut, Bergflockenblume, Waldstorchschnabel, Waldweidenröschen.

Ein kleines Stück Natur vor der Haustür

Raum für Wildstauden

Ein Wildstaudenbeet lässt sich gut im Frühjahr oder Herbst anlegen. Vorher wird etwas Kompost in die Erde eingearbeitet – es sei denn, es soll ein Beet für Hungerkünstler werden, dann verzichten Sie bitte darauf.

Bei der Auswahl der Pflanzen ist darauf zu achten, welche gut miteinander harmonieren – sowohl was ihre Bedürfnisse als auch ihre Blütenfarbe angeht. Beete, die sich auf eine einzelne Farbe konzentrieren, sehen ausgesprochen hübsch aus.

Die niedrigeren Pflanzen kommen in die erste Reihe, sodass alle ausreichend Licht erhalten und alle Blüten auch aus der Ferne gut sichtbar sind. Bis die mehrjährigen Stauden gewachsen sind, können Sie einjährige Pflanzen in die Lücken setzen. So entsteht innerhalb kurzer Zeit ein ansehnlicher Blütenreichtum. Gießen Sie die frisch gepflanzten Stauden in den ersten Wochen reichlich. Haben die Wurzeln im Boden einmal Halt gefunden, reicht der normale Regen zur Bewässerung aus. Ein mit angetrocknetem Rasenschnitt oder Häckselgut gemulchter Boden rund um die Pflanzen unterdrückt das Wachstum von Unkraut und hält den Boden länger feucht.

Regenwasser statt Leitungswasser

Pflanzen mögen weiches Wasser, und das Regenwasser ist meist viel weicher als Leitungswasser. Außerdem ist es in der Regel optimal temperiert, weil es sich der Umgebungstemperatur anpasst. Das Wasser aus der Leitung ist gerade in den heißen Sommermonaten zu kalt für unsere Pflanzen. Eine Regentonne lohnt sich also nicht nur aus Kostengründen.

Eine Regentonne sollte in jedem Garten stehen.
(Foto: defotoberg/shutterstock.com)

Obst und Gemüse – Marke Eigenbau

Ein Naturgarten ist der ideale Ort für den Anbau von eigenem Obst und Gemüse. Besser und frischer kann teures Biogemüse aus dem Laden nicht schmecken. Ganz abgesehen davon, dass Sie ganz genau wissen, was wirklich drinsteckt.

Gemüse gedeiht am besten an einem sonnigen Standort. Wer seine Beete nicht breiter als einen Meter anlegt, kann von beiden Seiten gut herankommen. Zwischen den Beeten empfiehlt sich ein kleiner Weg von

Immer häufiger bauen Menschen ihr Gemüse selbst an. (Foto: Heike Rau/fotolia.com)

Der Trick mit der Fruchtfolge

Auch die verschiedenen Gemüsesorten haben unterschiedlichen Nährstoffbedarf. Man unterscheidet Stark-, Mittel- und Schwachzehrer. Ideal ist es, sich pro Beet auf eine Gruppe zu beschränken, dann kann man den Boden optimal darauf abstimmen. Starkzehrer brauchen mindestens doppelt so viel Kompost wie Schwachzehrer. Häufig ist bei Letzteren auch gar keine zusätzliche Düngung notwendig.

Haben Sie viel Platz? Dann legen Sie doch gleich vier Beete an, sie müssen ja nicht sehr groß sein. Dann haben Sie für jede Gruppe eines und das vierte bereiten Sie mit Gründüngung (zum Beispiel Klee, Lupinen oder Wicken) auf das kommende Jahr vor. Diese versorgt den Boden mit einer guten Portion Stickstoff, die im nächsten Jahr wieder den stark zehrenden Pflanzen zugute kommt.

Beginnen Sie damit, das erste Beet mit Kompost zu düngen. Auf dieses Beet kommen dann die Starkzehrer, im zweiten Jahr die Mittelzehrer, im dritten die Schwachzehrer und im vierten Jahr Gründungspflanzen.

30 bis 40 Zentimeter Breite, genug Platz, damit man sich zur Gartenarbeit noch bequem hinknien kann. Probieren Sie einfach vorher aus, was für Sie eine komfortable Breite ist.

Obst- und Beerengehölze mögen ebenfalls sonnige und luftige Standorte. Schön ist es, daher an der Nordseite des Gemüsebeets eine Beerenhecke zu pflanzen. Sie schützt das Gemüse vor Wind, und während der Gartenarbeit kann man sich schnell mal zwischendurch etwas Süßes gönnen.

Unterschiedliche Ansprüche

Starkzehrer: Kohl, Gurke, Zucchini, Kürbis, Aubergine, Erdbeere, Tomate
Mittelzehrer: Karotte, Mangold, Lauch, Rote Rübe
Schwachzehrer: Feldsalat, Busch- oder Stangenbohnen, Zwiebeln, Erbsen

Obstbäume sind für Mensch und Tier von Bedeutung. (Foto: Thomas Max Müller / pixelio.de)

Die vier Beete werden auf diese Weise jährlich durchgewechselt, so wird der Boden optimal genutzt und versorgt, was reiche Ernten verheißt. Gemüsebauern nennen diese Anbautechnik Fruchtfolge.

Alte Obstbäume

Auch wenn der Kirschbaum in die Jahre gekommen ist und kaum noch Früchte trägt, ist er von großem Nutzen. In seinen Baumhöhlen finden Vögel, Fledermäuse oder Eichhörnchen gute Nistmöglichkeiten. Er erspart einem den Bau oder Kauf von Nistkästen und ist darüber hinaus die natürlichste Unterkunft für diese Tiere. Auch Spinnen und Wespen überwintern in den Ritzen und Höhlen seiner Rinde, Käfer und Raupen verkriechen sich unter ihr.

Tote Baumstümpfe erfüllen ebenfalls einen guten Zweck: Pilze, Flechten, Bakterien und allerhand Kleingetier finden hier Nahrung oder Unterschlupf, und mit den Jahren verwandelt sich der Baumstumpf von allein in Kompost.

Lebenselixier Wasser

Jedes Lebewesen braucht Wasser. Ein Teich oder ein kleiner Wasserlauf wird Ihren Garten maßgeblich verändern. Mit dem Wasser ändert sich das Kleinklima, neue Pflanzen- und Tierarten siedeln sich in seiner Nähe an, Lurche und Libellen werden magisch von ihm angezogen. Aber auch kleine Säuger stillen am Gartenteich ihren Durst. Achten Sie deswegen darauf, dass eine Uferseite flach ausläuft, sonst wird ein Gewässer schnell zur Todesfalle für diese Tiere. Ideal ist eine Ausstiegshilfe für Kleintiere, das kann eine kleine Treppe sein oder einfach ein flaches Holzstück, das eine Verbindung zum rettenden Ufer schafft. Und wir selbst freuen uns auch über den Teich: Hier können wir die Tiere am Wasser beobachten und genießen gerade bei hohen Temperaturen die erfrischende Nähe des Wassers.

Lebensraum Natursteinmauer

Ein Platz für eine kleine Natursteinmauer lässt sich selbst im kleinen Garten finden; ihr Nutzen ist enorm. Mit ihr entwickelt sich ein einzigartiger Lebensraum. Aufgeschichtet an einer sonnigen Stelle suchen Reptilien wie Eidechsen und Blindschleichen darin Unterschlupf. Wildbienen, Hummeln und andere Tiere nutzen die Steine zum Aufwärmen und Verstecken. Zahlreiche Wildpflanzen wie das Kleine Seifenkraut, Johanniskraut oder Fetthenne lieben die Bedingungen, die eine Trockenmauer bietet, und siedeln sich hier gerne an.

So wird es gemacht

Für den Bau einer Trockenmauer verwendet man Natursteine in allen Größen und Farben.

Auch in einen kleineren Garten lässt sich ein Teich integrieren. (Foto: Butterfly/fotolia.com)

Ein kleines Stück Natur vor der Haustür

Wichtig ist ein fester Untergrund, eventuell muss der Boden zusätzlich mit einem Kiesfundament befestigt werden. Die unterste Schicht der Mauer besteht aus großen dicken Steinen, nach oben hin verjüngt sie sich und die Steine werden kleiner. Der Abschluss ganz oben erfolgt dann wieder mit großen flacheren Steinen, sodass man bequem darauf sitzen kann. Ein gutes Maß für eine Natursteinmauer ist eine abschließende Breite von etwa 40 Zentimeter (unten etwa 60 bis 65 Zentimeter). Höher als einen Meter sollte man nicht bauen, sonst wird die Mauer instabil.

Der Clou an der Natursteinmauer ist, dass sie ganz ohne Beton oder Mörtel auskommt. Die Steine werden immer auf Lücke gesetzt und die verbleibenden Ritzen mit passenden kleineren Steinen oder Kies und Schotter aufgefüllt. So entsteht am Ende eine kunstvolle und stabile Mauer mit vielen kleinen Schlupflöchern, die Wildtiere anlocken und Pflanzen Platz zum Wachsen bieten.

Natursteinmauern locken viele kleinere und größere Tiere an. (Foto: Composer/fotolia.com)

Grüne Mauern

Im Idealfall liegt ein Naturgarten nicht isoliert wie eine Insel zwischen lauter klinisch akkuraten Kunstgärten, sondern ist eingebettet in ein Netz aus anderen natürlichen Gärten. Dann wird er gleich noch interessanter für Wildtiere, weil sie zwischen den einzelnen Gärten hin und her wandern können und damit einen größeren Lebensraum zur Verfügung haben. Statt eines unüberwindbaren Zauns oder einer Mauer bildet eine wilde Hecke aus Weißdorn oder Schlehe die Grenze zum Nachbarn. So können die Tiere mühelos zwischen den Gärten hin und her spazieren und man erhält trotzdem einen Sichtschutz.

Wenn sich eine bestehende Mauer nicht abreißen lässt, begrünen Sie diese einfach. Eine Kletterpflanze sieht schön aus, schafft Lebensraum für Bienen und Vögel und isoliert im günstigsten Fall gleichzeitig das Mauerwerk. Gerade in der Stadt ist die Begrünung von Mauern und Fassaden eine gute Maßnahme, um der Natur ein zusätzliches Plätzchen zu verschaffen.

Einheimische Kletterpflanzen gibt es allerdings nicht in sehr großer Anzahl. Efeu, Jelängerjelieber oder Waldgeißblatt gehören dazu.

Wilde Wege

Ein Naturgarten verzichtet auf die Versiegelung von Bodenflächen. Täglich verschwinden allein in Deutschland etwa 100 Hektar Fläche unter Teer oder Beton, in Österrreich sind es etwa 20 Hektar. Das reicht! Sie können dem in Ihrem eigenen Garten entgegensteuern und so ein Signal dagegensetzen. Wo Sie nur wenig gehen, reicht ein Stück gemähte Wiese als Weg. Und auf Kieswegen spaziert es sich schöner als auf Waschbetonplatten. Zwischen dem Kies sprießen vielleicht blaue Wegwarten oder gelber Huflattich hervor. Schön ist natürlich auch ein Pfad aus Rindenmulch. Dazu heben Sie den vorgesehenen Weg etwa 25 Zentimeter tief aus und bringen eine 15 Zentimeter dicke Schotterschicht auf, die gut festgestampft wird. Darauf verteilen Sie dann eine zehn Zentimeter dicke Schicht Mulch oder gehäckseltes Holz.

Kieswege werden übrigens ganz ähnlich angelegt, nur kommt auf den Unterbau eine etwa 3 Zentimeter dicke Schicht mit feinem Kies. Darauf spielen auch Kinder sehr gern. Für Terrassen empfehlen sich im Naturgarten Holzdielen sowie Natur- oder Ziegelsteine aus Ton.

Gartenabfälle einfach mal liegen lassen

Naturgärten sind dankbar und verzeihen gern die eine oder andere „Vernachlässigung". Es ist eines der wichtigsten Merkmale von Naturgärten, dass sie nicht ständig „aufgeräumt" werden. Grasschnitt und Laub werden nicht weggeworfen, sondern auf dem Komposthaufen oder in einige Ecken des Gartens verteilt aufgeschichtet. Hier finden Tiere Nahrung und Unterkunft. Igel holen sich hier zum Beispiel das Laub zum Auspolstern ihres Winterquartiers. Auf Beeten ausgebracht, kann es wirbellose Bodentiere schützen und wärmen. Kleine Spalten oder Risse in Mauern oder Stufen ärgern den Naturgärtner nicht. Im Gegenteil, er freut sich über die Versteckmöglichkeiten für Tiere.

Unverzichtbar: Kompost

Ein Komposthaufen darf in keinem Naturgarten fehlen. Hier kann man Garten- und Küchenabfälle entsorgen. Kleinste Bodenorganismen verwandeln diese Reste in wertvolle Erde, die dann vielfach wieder im Garten eingesetzt werden kann: im Gemüsebeet oder rund um die Beerensträucher. Kompost hilft dem Boden, die natürliche Humusschicht zu erhalten, und versorgt sie mit frischen Nährstoffen.

Wenn Sie Ihren Kompost bearbeiten oder umsetzen, gehen Sie bitte behutsam vor. Igel und Hausspitzmäuse bauen gern ihre Nester darin. Spitze Stechwerkzeuge könnten den Tieren lebensgefährliche Verletzungen zufügen.

Gartenarbeiten mit Achtsamkeit

Hecken und Gehölze sollten nicht im Spätherbst und Winter geschnitten werden, häufig haben sich dort bereits Wintergäste einquartiert. Schmetterlingsraupen hängen an Ästen, Vögel finden noch vereinzelt Beeren und Früchte an den sonst kahlen Ästen. Auch Unkraut sollte man vor dem Winter weniger entfernen als sonst. An manchen Blättern überwintern nützliche Insekten. Auch die Sommermonate, wenn Vögel brüten, sind ungeeignet für einen Schnitt. Idealer Zeitpunkt ist daher der frühe Herbst. Wildhecken müssen aber in der Regel ohnehin nur alle paar Jahre geschnitten werden. Beim Mähen einer Wiese bitte nicht unter Hecken und Büsche mähen! In dem dichten Unterholz haben häufig Igel oder Spitz- und Haselmäuse Quartier bezogen.

Der Igel-Wohlfühlgarten

(Foto: Weikel/Koisegg)

Erste Schritte

Wer sich nun einen Igel im eigenen Garten wünscht, muss zunächst einige Umwege gehen. Dabei klingt die Formel ganz einfach: Je näher ein Garten dem natürlichen Lebensraum des Igels kommt, desto wahrscheinlicher wird auch der Besuch des stacheligen Säugetiers. Konkret bedeutet das: Der Igel muss ein reiches Nahrungsangebot vorfinden, also Insekten, Würmer oder Spinnen. Und er braucht eine Trinkstelle. Außerdem wichtig: gute Verstecke und ausreichend Nistmaterial zum Ausstopfen seiner Nester. Doch wie lockt man ihn an?

Grundlagen schaffen

Verwandeln Sie Ihren Garten in einen Naturgarten oder richten Sie zumindest so viele „wilde Ecken" ein wie möglich. Je mehr Elemente eines Naturgartens Sie realisieren, desto besser. Eine einzelne Hecke auf getrimmtem Rasen und neben exklusiven Rosenbeeten lockt sicher noch keinen Igel an. Sie müssen zunächst die Nahrungstiere des Igels anlocken, Ihren Garten in ein kleines Paradies für Insekten verwandeln. Ist erst einmal genug Nahrung für ihn da, haben Sie schon ein sehr wichtiges Kriterium für einen Wohlfühlgarten für Igel erfüllt.

Netzwerke knüpfen

Damit sich ein Igel für einen bestimmten Garten entscheidet, muss der Gartenbesitzer also einiges tun. Vorab gesagt: Ein einzeln stehender Naturgarten wird keinen Igel anlocken, wenn rundherum fast steril gepflegte Gärten oder Betonwüsten liegen. Entscheidend für den Besuch eines Igels sind auch die Nachbargärten: Eher selten beschränkt sich ein Igel nur auf einen einzigen Garten. Ideal ist ein sogenannter Igelkorridor mit mehreren igelfreundlichen Gärten nebeneinander. Hindernisse wie enge Zäune, Mauern oder auch hohe Betonfundamente schneiden Igeln dagegen den Weg ab. Sie können sich dann nicht mehr treffen, und wenn sich immerzu dieselben Igel paaren, besteht langfristig auch die Gefahr, dass sie aufgrund von Inzucht aussterben.

So sieht ein Wohlfühlgarten für Igel aus:

- Insekten in Hülle und Fülle
- Quartiere zum Schlafen und Ausruhen
- schattige Verstecke unter Hecken und Sträuchern
- eine Wasserstelle
- unbegrenzter Zugang zu anderen Gärten
- möglichst kleinteilige, abwechslungsreiche Strukturen

Maschendrahtzäune sind für Igel ein großes Hindernis. (Foto: Igelzentrum Zürich)

Die beste Gartenbegrenzung wäre daher schlicht und einfach eine Hecke. So können Igel den Weg zu Ihnen ganz leicht finden. Je mehr Kriterien des igelfreundlichen Gartens auf Ihrem Grundstück erfüllt sind, desto wahrscheinlicher ist es, dass der Igel nicht nur ein Besucher bleibt, sondern zum Dauergast wird, der sich bei Ihnen häuslich niederlässt.

Wenn Maschendrahtzäune unumgänglich sind, sollte am unteren Zaunrand Platz gelassen werden, damit Igel durchschlüpfen können. Ein Loch von 10 bis 15 Zentimetern genügt.

Den Tisch decken

Das A und O im Igelgarten ist die zur Verfügung stehende Nahrung. Das heißt aber nicht, dass Sie mit einem gut gefüllten Napf einen Igel anlocken werden. So einfach ist es nicht, und so soll es auch nicht sein, denn das Wildtier Igel kann und soll normalerweise für seine Ernährung selbst sorgen. Aber was Sie tun können, ist Folgendes: eine Umgebung schaffen, die zahlreichen Insekten Nahrung bietet. Das beginnt mit der Anpflanzung geeigneter, sprich einheimischer Pflanzen. Diese locken einheimische Insekten wie Bienen und Schmetterlinge an, bieten aber auch Lebensraum für beispielsweise Blattläuse. Konventionellen Gärtnern stellen sich spätestens hier „die Nackenhaare auf", aber keine Sorge, im naturnahen Garten regelt sich das normalerweise von selbst. Auch Blattläuse sind Nahrungsgrundlage für andere, gern gesehene Organismen im Garten wie Florfliegen und Marienkäfer. Und auch aus den gefürchteten, weil gefräßigen Raupen entwickeln sich wunderschöne Schmetterlinge. Gleichzeitig sind Raupen Futter für Laufkäfer, und diese stehen wiederum auf der Speisekarte des Igels an oberster Stelle. Alles, was also Käfer, Raupen, Ohrwürmer oder Schnecken anlockt, lockt auch Igel an.

Laufkäfer

Die meisten Laufkäfer können nicht fliegen und leben am Boden, auch deshalb sind sie die häufigste Igelnahrung. Außerdem sind sie wie er nachtaktiv – eine Begegnung ist daher vorprogrammiert.

Laufkäfer leben räuberisch, sie fressen Larven anderer Insekten, aber auch Regenwürmer oder Schnecken. Und diese vertilgen sie gleich in rauen Mengen, pro Tag können sie das Drei- bis Vierfache ihres eigenen Körpergewichts verdrücken. Als Schädlingsbekämpfer leisten sie daher gute Dienste in jedem Naturgarten. Damit sie sich wohlfühlen, brauchen sie lediglich feucht-warme Verstecke wie tote Baumstümpfe oder Totholzhaufen mit kleinen Hohlräumen.

Florfliegen und deren Larven ernähren sich von Blattläusen. (Foto: Jenny Ziegler / pixelio.de)

Raupen

Larven und Raupen der Schmetterlinge gelten häufig als Hauptschädlinge im Garten, weil sie einen schier unbändigen Appetit auf unser Gemüse haben. Viele Schmetterlingsraupen bevorzugen aber auch Wildpflanzen, besonders Brennnesseln, also bitte nicht alle ausreißen. Die Raupen des wunderschönen Landkärtchens oder des Kleinen Fuchses fressen zum Beispiel ausschließlich die Blätter der Brennnessel.

Auch die Igel werden es Ihnen danken, denn sie verspeisen gerne Raupen, sofern sie sich in Bodennähe aufhalten. Aber keine Angst: Die Reichweite der kleinen Igel nach oben ist begrenzt. Und so entwickeln sich selbst mit einem Igel im Garten viele Raupen zu wunderschönen Schmetterlingen, über die sich jeder freut!

Regenwürmer

Der Regenwurm ist der beste Garant für eine gute Bodenqualität. Er lockert den Boden und versorgt ihn mit Wurmkompost und damit mit Nährstoffen. Regenwürmer lieben feuchte und lockere Böden mit niedrigem pH-Wert (etwa 3,5). Naturbelassene, ungedüngte Böden werden dabei bevorzugt. Unter guten Bedingungen können sich mehr als 100 Würmer in einem Quadratmeter Boden aufhalten, in intensiv landwirtschaftlich genutzten Böden sind es manchmal weniger als zehn.

Regenwürmer sind wie Igel nachtaktiv. Sie bewegen sich eher langsam, daher sind sie für Igel leichte Opfer.

Die Würmer kriechen im Schutz der Dunkelheit aus ihren Bodenröhren und ziehen Stücke von Laub oder anderes abgestorbene organische Material in ihre Gänge hinein, um es dort zu fressen und als krümeligen Kot wieder auszuscheiden. In einem aufgeräumten Ziergarten finden sie nicht genügend davon.

Tagsüber lassen sie sich kaum blicken. Bei zu viel Sonnenlicht sterben die fleißigen Bodenarbeiter, da sie sehr schnell austrocknen. Auch werden durch das UV-Licht die roten Blutkörperchen der Tiere zerstört.

Ohrwürmer

Die dämmerungs- beziehungsweise nachtaktiven Ohrwürmer lieben Blattläuse und jagen kleinere Insekten, insofern halten auch sie Schädlinge im Zaum. Zu viele Ohrwürmer im Garten würden aber wieder zu einem Ungleichgewicht führen und die Pflanzen schädigen. Hier kommt der Igel ins Spiel: Er frisst gerne Ohrwürmer, und schon ist die Balance wieder hergestellt.

Damit Ohrwürmer im Garten sesshaft werden, brauchen sie Verstecke unter Steinen, Baumrinden oder in Laubhaufen, in denen sie tagsüber ungestört schlafen können. Man kann ihnen auch mit Holzwolle gefüllte Blumentöpfe anbieten, die kopfüber aufgehängt den Tieren ein beliebtes und gerne aufgesuchtes Versteck bieten. Vor dem Aufhängen legt man einen Ohrwurmtopf in eine Wiese oder Hecke, damit er besiedelt werden kann.

Insektenhotels lassen sich in Gärten gut integrieren. (Foto: M. Schippach/fotolia.com)

Insektenhotels bauen

Um Insekten in den Garten zu locken, ist der Bau eines so genannten Insektenhotels sehr zu empfehlen. Darin finden verschiedene Insektenarten Verstecke, Schlaf- und Winterquartiere auf kleinstem Raum.

Für ein einfaches Nützlingsquartier brauchen Sie:
- drei unbehandelte, gleich lange Holzbretter
- unbehandelte Äste, Holzstücke oder -scheite (Eiche, Buche, Obstbäume)
- Lochziegel aus Ton
- Zweige
- Gras, Stroh oder Laub für die Füllung
- ein paar Holzschrauben und eine Bohrmaschine.

Vorüberlegungen

Das Insektenhotel sollte an einem geschützten Platz stehen. Idealerweise befinden sich im direkten Umfeld Hecken oder Staudenbeete, dann finden die Bewohner auf kurzen Wegen alles, was sie zum Leben benötigen.

Baut man das Insektenhotel in Dreieckform, muss man sich nicht um ein zusätzliches Dach kümmern, denn der Regen läuft auch so gut ab und durchnässt nicht das ganze Bauwerk. Je nach Gartengröße können Sie die Länge der Außenbretter selbst wählen. Schrauben Sie als Erstes die drei gleich langen Bretter zu einem stabilen Dreieck zusammen – schon ist das Grundgerüst fertig. Auf zwei gleich hohe Holzstücke gestellt, wird es von unten belüftet und die Bildung von Staunässe verhindert.

Hotel zu verkaufen

Wer keine Lust oder Zeit hat, ein Insektenquartier selbst zu bauen, kann auch eines kaufen. Es gibt eine große Auswahl an guten Insektenhotels im Fachhandel oder im Internet.

Innenausstattung

Das Innenleben des Hotels wird mit den Hartholzstücken gestaltet. Bohren Sie mit einer Bohrmaschine mehrere etwa zwei bis zehn Millimeter breite Löcher für Nistkammern hinein. Achten Sie darauf, nicht zu tief zu bohren, denn die zukünftigen Nistkammern sollten nur von einer Seite zugänglich sein.

Jetzt beginnt der Innenausbau: Das ganze Dreieck wird locker mit den Materialien befüllt. Lochziegel und die angebohrten Holzstücke wechseln sich dabei ab mit Reisig, Stroh, Laub und Gras. Nach einiger Zeit kann es sein, dass man an der einen oder anderen Stelle etwas auffüllen muss.

Ein guter Zeitpunkt zur Eröffnung des Insektenhotels ist der März. Dann beginnt die „Reisesaison" der Insekten.

Wahlheimat für Heckenschweine

Am liebsten halten Igel sich unter Schlehen, Weißdorn oder Heckenrosen auf. Nicht umsonst heißen Igel in England „hedgehog", wörtlich übersetzt bedeutet das „Heckenschwein".

In artenreichen Hecken fliegt ihnen ihre Nahrung fast von allein ins Maul. Kein Wunder, dass sie sich hier so wohlfühlen! Ein oder zwei Sträucher reichen einem Igel allerdings nicht aus. Er möchte am liebsten eine Vielzahl von Pflanzen vorfinden, damit er sich in Ihrem Garten dauerhaft niederlässt.

Heimische Gehölze

Schwarzdorn, Traubenkirsche, Schneeball, Schlehe, Vogelbeere, Weißdorn, Geißblatt, Kreuzdorn, Faulbaum, Pfaffenhütchen, Heckenrose, Hartriegel, Holunder, Haselstrauch

Vielseitig strukturierte Hecken sind gewissermaßen das ökologische Rückgrat eines Naturgartens. Hier tummeln sich Hunderte kleine und größere Lebewesen.

Die grüne Grenze

Hecken eignen sich auch hervorragend als „grüne" Grenze zum Nachbarsgarten. Hier können Igel ungehindert passieren und in andere Gärten gelangen. Und Sie bekommen einen wunderbar grünen, natürlichen Sichtschutz. Gut geeignet sind dreireihige Hecken mit etagenartigem Aufbau und einer dichten Krautschicht am Boden. Ideale Heckenpflanzen sind verschiedene einheimische Sträucher, die neben- und hintereinander gepflanzt werden. Hochwachsende Sorten oder Bäume kommen in die Mitte. Flankiert werden sie von einer Mantelzone aus Sträuchern und Hecken. Den Abschluss bildet die Saum- oder Krautzone aus Wildkräutern und -stauden. Hier findet der Igel stets einen reich gedeckten Tisch vor.

Orientieren Sie sich bei der Bepflanzung daran, was Sie in Ihrer Umgebung frei wachsend entdecken. Diese Pflanzen gedeihen meist auch in Ihrem Garten gut.

Das Igelparadies

Igel mögen Hecken und Sträucher das ganze Jahr über. Hier richten sie besonders gern ihre Schlafplätze ein und können sich vor ihren Feinden gut verstecken. Finden Igel unter den Hecken oder in unmittelbarer Umgebung sogar noch einen Haufen mit toten Hölzern oder Reisig, ist das Igelherz glücklich: Hier lässt es sich gemütlich wohnen und auch der Futternachschub ist kein Problem, denn viele Insekten lieben Tothölzer ebenfalls.

Einziger Nachteil von Hecken: sie brauchen ungeschnitten verhältnismäßig viel Platz. Doch auch in kleineren Gärten lässt sich meist eine Reihe pflanzen oder man kann bestehende Sträucher zu einer Hecke verbinden.

Eine dichte Hecke darf vor allem im Spätherbst nicht mehr ausgedünnt werden. Viele Igel haben jetzt schon ihr Winterquartier in Arbeit und wollen nicht gestört werden. Stattdessen sollten Sie ihnen zusätzlich mit einer Gras- und Laubschicht Baumaterial für ein Nest zur Verfügung stellen. Damit fördern Sie auch die natürlichen Nahrungsquellen des Igels: Unter dieser Blätterschicht überwintern

Laub, Moos und Schutz unter Hecken – so sieht das Igelparadies aus. (Foto: Weikel/Koisegg)

Käfer oder Hautflügler. Wie der Igel erwachen auch sie im Frühjahr wieder. Damit ist dann sofort ausreichend Nahrung für den ausgehungerten Igel vorhanden.

Vorsicht bei der Gartenarbeit

Wer aus Versehen bei Gartenarbeiten ein Igelnest zerstört hat, deckt es sofort wieder zu, vor allem wenn Jungtiere darin liegen. Beobachten Sie das Nest mindestens ein paar Stunden und achten Sie darauf, dass die Igel nicht zusätzlich gestört werden. Lässt sich die Igelmutter nicht mehr blicken, müssen Sie den Igelnachwuchs in Pflege nehmen.

Igel lieben Naturwiesen

Eine naturbelassene Wiese beherbergt etwa 1 500 Insekten- und Spinnenarten – und damit ausreichend Nahrung für den Igel. Auch für den Garten empfiehlt sich eine Wildwiese aus einheimischen Pflanzenarten, weil sie gut an unser Klima angepasst und robust sind und daher eine lange Lebenszeit haben. Sie bieten Tieren Nistplätze und Verstecke und erfreuen auch Gartenbesitzer – spätestens, wenn sie den ersten selbst gepflückten Wiesenstrauß aus ihrem Garten mit Glockenblumen, Margeriten oder Hahnenfuß auf dem Tisch stehen haben.

Blumenauswahl für eine wilde Wiese:

Gemeine Flockenblume, Wiesenschlüsselblume, Johanniskraut, Große Brunelle, Wiesenknopf, Wiesensalbei, Rundblättrige Glockenblume, Schafgarbe, Wiesen-Pippau, Kleine Bibernelle, Margerite, Kartäuser-Nelke

Mähen, aber vorsichtig

Zweimal jährlich mähen reicht der Blumenweise meist – einmal im Juni und einmal im August. In diesen Monaten muss man besonders vorsichtig beim Mähen vorgehen, vor allen in den Randbereichen, zum Beispiel unter Hecken. Um diese Jahreszeit gibt es schon Igelnachwuchs. Und gelegentlich irren hilflose Igelbabys tagsüber in einer Wiese umher. Auch die Dämmerung und die ganz frühen Morgenstunden sind zum Mähen ungeeignet, denn dann können Igel und andere Nachtschwärmer auf Nahrungssuche unterwegs sein.

Laub als Dämmmaterial

Auch Laubbäume dürfen im Igelgarten nicht fehlen. Ihr Laub ist ein ideales Dämmmaterial für Igelnester. Die Vierbeiner holen sich die abgefallenen Blätter in ihre Verstecke und rollen sich darin ein. Sie sind daher dankbar, wenn Gartenbesitzer Laub und andere Pflanzenabfälle nicht entfernen. Stattdessen kann man es zu einem Haufen zusammenrechen und dem Igel zur weiteren Verwendung überlassen. In dem Laub siedeln sich nämlich auch noch viele seiner Nahrungstiere an. Der Igel findet darin also freie Kost und Logis.

Bei jedem Schnitt der Bäume fallen Äste und Reisig ab. Daraus lässt sich ein guter Unterschlupf für Igel bauen: einfach in einer geschützten Ecke zu einem Haufen aufschichten – fertig!

Versteckmöglichkeiten schaffen

Igel haben nicht nur ein festes Quartier, sie lieben es, mehrere Verstecke und Schlafplätze gleichzeitig anzulegen und zu benutzen. Besonders Hecken und Laubhügel sind attraktive Plätze für die Stacheltiere. Sie können aber noch mehr für Igel tun: Hohlräume zwischen Baum-

wurzeln haben Sie bisher mühsam wieder zuge-
schüttet? Diese Arbeit können Sie sich in Zu-
kunft sparen, denn zwischen den Wurzeln
finden Igel Unterschlupf; je mehr Sie den Igeln
anbieten, desto wohler fühlen sie sich.

Terrassen müssen nicht unbedingt mit
schweren Steinplatten belegt werden. Denken
Sie doch stattdessen einmal über eine Holz-
terrasse nach. Sie steht oft auf kleinen So-
ckeln, darunter können sich die Tiere hervorragend einnisten. Das Gleiche gilt fürs
Gartenhäuschen: Auf einen offenen Sockel
gestellt, zieht vielleicht bald ein Igel als Un-
termieter ein.

Manche Igel richten sich auch in Komposthaufen gemütlich ein. Hier finden sie nämlich
einen reich gedeckten Tisch.

Aus einigen Rundhölzern kann man schnell einen
Unterschlupf für Igel bauen. (Foto: Igelzentrum
Zürich)

Die perfekte Igelwohnung!
(Foto: Igelzentrum Zürich)

Eigenheim für Igel

Ein Igelhaus kann man auch aus einigen großen Steinen ganz leicht selbst bauen: Ordnen
Sie an einem schattigen Platz Steine in einem
Kreis an und lassen Sie dabei einen Eingang
für den Igel frei. Nun legen Sie eine Steinplat-
te obendrauf, geben noch etwas Laub hinein
und schon kann sich ein Igel ganz schnell darin einrichten.

Den Igeldurst stillen

Igel müssen trinken, vor allem in den warmen
Sommermonaten. Wildtiere leiden besonders
unter anhaltenden Trockenperioden, weil sie
dann nicht genügend Wasser in ihrem Revier
finden. Eine Wasserstelle im Garten macht
das Wohlfühlangebot für Igel daher perfekt

Tonuntersetzer können als Wassertränken für Gartentiere verwendet werden. (Foto: Otto/fotolia.com)

– und ein kleiner Teich sieht auch noch sehr hübsch aus. Er sollte unbedingt flache Ufer haben, andernfalls haben hineingefallene Tiere kaum eine Chance, wieder von allein herauszukommen. Igel können zwar schwimmen, jedoch nur im Notfall, und dann nicht sehr ausdauernd. Über ein flaches Ufer können sie leicht wieder ans rettende Festland gelangen. Geholfen ist Igeln auch mit einem groben Holzbrett, einer Art Hühnerleiter, die in den Teich hineinragt. Auf dieser Rettungsleiter können sie gut ohne fremde Hilfe wieder hinausklettern.

Flache Trinkschalen

Natürlich können Sie auch einfach einen Wassernapf für den Igel aufstellen. Stellen Sie die Tränke immer an dieselbe Stelle. Igel merken sich genau, wo ihre Erfrischung steht, und kommen dorthin zurück. Eine Wasserstelle im Garten lockt aber nicht nur Igel an, auch andere kleine Wildtiere oder Vögel werden hier ihren Durst stillen. Achten Sie daher auf Sauberkeit. Die Tränke sollte jeden Tag ausgespült werden, damit sich die Tiere nicht gegenseitig mit Krankheitserregern infizieren.

Gefahren im Garten

Fast jeder Garten birgt Gefahren für Igel. Mit ein paar Vorkehrungen können Sie Ihren Garten jedoch sicherer für Igel und andere Kleintiere machen.

Treppen, Gruben und Lichtschächte

Treppen, Gruben oder Lichtschächte können zu tödlichen Fallen für Igel werden, weil sie ohne Hilfe nicht mehr herauskommen. Igelbabys sind auch manchmal noch so klein, dass sie durch Gitter stürzen. Abhilfe schafft hier die Befestigung eines zusätzlichen dünnmaschigen Zauns über den Gittern.

Gruben und Kellertreppen sind für viele Igel eine Einbahnstraße. Einmal hinuntergestürzt, verdursten und verhungern sie kläglich, wenn ihnen niemand zu Hilfe kommt. Ein Zurück gibt es für sie nur, wenn auf jeder Stufe ein niedriger Ziegel- oder Backstein als eine Art Zwischenstufe für sie liegt. Daran können sich die Vierbeiner mit kleinen Klimmzügen wieder hochziehen. Eine andere Idee: Legen Sie auf die ganze Länge der Treppe ein schmales Holzbrett, auf das Sie kleine Stufen genagelt haben. Schon ist eine häufige Todesfalle für Igel entschärft.

Rasenmäher und Laubsauger

Rasenmäher und Laubsauger können Igeln tödliche Verletzungen zufügen. Halten Sie die Augen offen, wenn Sie diese Geräte einsetzen. Vor allem unter dichten Hecken und Büschen sollten Sie nachsehen, ob sich ein Igel oder ein anderes

Eine Igeltreppe kann die nützlichen Tiere vor einem kläglichen Ende bewahren. (Foto: Igelzentrum Zürich)

Tier niedergelassen hat. Igel rollen sich gern ein, um tagsüber zu schlafen.

Wer auf den Einsatz eines Laubsaugers nicht verzichten kann, sollte ihn in der Nähe möglicher Igelquartiere wenigstens nicht auf hoher Leistung laufen lassen. Man kann die Blätter auch wegblasen. Das zerstört im schlimmsten Fall eine Igelunterkunft, der Bewohner bleibt aber am Leben. Am besten, Sie verzichten ganz auf diese Geräte. Rechen Sie das Laub lieber von Hand zusammen und verwenden Sie es für den Bau eines Igelhauses.

Schnüre, Netze und Zäune

In Drahtrollen, Schnüren und Netzen können sich Igel mit ihren Stacheln so sehr verheddern, dass sie sich nicht mehr befreien können.

Lassen Sie diese Gegenstände daher nicht einfach liegen, sondern räumen Sie nach Gebrauch alles wieder weg. Auch in grobmaschigen Zäunen können Igel hängen bleiben. Wer unbedingt einen Maschendrahtzaun braucht oder nicht entfernen darf, kann ihn etwa zehn Zentimeter über der Erde enden lassen, dann kann der Igel ungefährdet darunter durchkriechen.

Lose Folien oder Plastiksäcke haben in einem igelfreundlichen Garten ebenfalls nichts verloren. Der Igel könnte darunter- oder hineinkriechen und ersticken. Auch geladene Elektrozäune können Igel töten. Lassen Sie gegebenenfalls die unteren Drähte weg oder verzichten Sie hier auf Strom.

Gift im Garten

Im Igelparadies wird auf den Einsatz von Insektiziden, Pestiziden und Giften aller Art grundsätzlich verzichtet. Chemikalien töten viele Insekten und zerstören damit die Lebensgrundlage von Igeln.

Chemische Mittel können Igeln aber auch anderen Gartennützlingen wie Spitzmäusen, Vögeln oder Laufkäfern schaden. So kann zum Beispiel Schneckenkorn auf Metaldehyd-Basis toxisch sein. Für unsere Haustiere ist es sogar sehr giftig!

Schneckenkorn ist auf Eisenphosphat-Basis sind dagegen nach Angaben des Forschungsinstituts für biologischen Landbau (FiBL) unbedenklich – auch für Regenwürmer und Laufkäfer und damit für die Hauptnahrung des Igels. Diese Mittel sind seit längerem für den biologischen Landbau zugelassen. Die

Netze sind tödliche Fallen.
(Foto: Igelzentrum Zürich)

Handelsbezeichnung dafür heißt beispielsweise Ferramol Schneckenkorn. Der in diesen Mitteln enthaltene Wirkstoff Eisen-III-Orthophosphat wird von den Bodenmikroorgansimen in Eisen und Phosphat umgewandelt.

Das biologische Schneckenkorn, ist zwar sehr naturverträglich, ist aber trotzdem ein Pflanzenschutzmittel das nur zurückhaltend eingesetzt werden sollte, da auch nützliche Schneckenarten geschädigt werden.

Igel im Vollrausch

Vergiftungen bei Igeln können auch durch andere Gifte als Insektizide ausgelöst werden, an erster Stelle durch Alkohol. Immer wieder werden sturzbetrunkene Igel zu Tierärzten gebracht. Schoon et al. berichteten 1992 von einem weiblichen Igel, der an einem Altglascontainer mit entdeckt wurde – neben einer zerbrochenen Eierlikörflasche. Die Untersuchung ergab einen Blutpromillegehalt von 3,8. Klingt erst einmal lustig, war es für den kleinen Säuger aber ganz und gar nicht. Das Tier starb an einer akuten Alkoholvergiftung.

Vorsicht, Falle!

Mäuse- und Rattenfallen haben in einem tierfreundlichen Garten ebenfalls nichts verloren. Zu tödlichen Fallen können auch Gartenhäuser oder Keller werden. Stehen hier die Türen längere Zeit offen, vor allem in der Dämmerung oder nachts, können Igel hineinklettern. Bleiben die Tiere unbemerkt, besteht Gefahr, dass sie darin verhungern und verdursten. Schließen Sie die Türen oder bauen Sie eine kleine Igelklappe ein, durch die der Vierbeiner wieder nach außen gelangen kann.

Müll sichern

Igel sind Kulturfolger, das heißt, sie gehen dorthin, wo sie Nahrung finden. Und damit sind leider auch Abfälle und Mülltüten mit Resten von Hunde- oder Katzenfutter ge-

meint. Vom Geruch angelockt klettern sie neugierig in die Tüten hinein, verheddern sich oder bleiben in Joghurtbechern und Dosen gefangen, weil sich ihre Stacheln verhaken, wenn sie rückwärts wieder hinauskriechen wollen. Im schlimmsten Fall werden sie dann von der Müllabfuhr mitgenommen und mitverbrannt.

Dagegen hilft: sämtliche Tierfutterdosen vor dem Wegwerfen sauber ausspülen, Müllsäcke gut zubinden und sie erst kurz vor dem Abholtermin durch die Müllabfuhr nach draußen stellen. Dann kann nichts passieren.

Sollen Gartenabfälle verbrannt werden, darf der Haufen erst unmittelbar vor dem Anzünden aufgeschichtet werden (Foto: Molte 62/fotolia.com)

Igel gefunden –
was tun?

(Foto: Weikel/Koisegg)

Kulturfolger wider Willen

Immer häufiger treffen wir in unserer unmittelbaren Umgebung auf Igel. Die Stacheltiere folgen uns in die Großstädte, denn auch hier finden sie verwilderte Ecken oder größere Parkanlagen, in denen sie überleben können. Das freut uns zwar, hat aber auch einen negativen Beigeschmack, denn genau genommen macht der Igel das ja nicht freiwillig oder weil es ihm in den Städten so gut gefällt. Er wurde vielmehr gezwungenermaßen zum Kulturfolger – durch uns. Wir Menschen haben seinen ursprünglichen Lebensraum, die Waldrandzonen und naturbelassenen Felder, Wiesen und Hecken aufgrund extensiver Bewirtschaftung so verändert, dass er sich nach Wohnalternativen umsehen musste. Und so landete er in den menschlichen Siedlungsgebieten.

Das neue Zuhause

Trotzdem dürfen Sie einen Igel bei sich im Garten getrost als Glücksfall verbuchen, denn dann haben Sie offenbar alles richtig gemacht – Glückwunsch, das schafft nicht jeder! Ein paar Tage wird es allerdings dauern, bis Sie wissen, ob der Igel nur auf Stippvisite in Ihrem Garten vorbeischaut oder ob er sich tatsächlich dauerhaft niedergelassen hat. Sehen oder hören Sie ihn mehrere Tage hintereinander, dann stehen die Chancen gut, dass er Ihren Garten als sein neues Zuhause auserkoren hat. Beobachten Sie ihn ganz vorsichtig und stören Sie ihn nicht, denn sonst vertreiben Sie ihn. Von Anfang an dürfen Sie dem Igel ein Schälchen Wasser hinstellen. Darüber freut er sich immer. Doch mit weiteren unterstützenden Maßnahmen sollten Sie noch zurückhaltend sein, denn Igel brauchen normalerweise kaum Hilfe. Wenn Ihr Igelgast gesund und munter wirkt, müssen Sie auch gar nichts weiter tun, als sich an seiner Anwesenheit zu freuen und Ihren Garten für ihn attraktiv zu halten.

Geschützte Wildtiere

Igel sind geschützte Wildtiere. Das bedeutet: Man darf sie nicht einfach einfangen, mitnehmen oder umsiedeln. In Österreich regelt das für jedes Bundesland ein eigenes Natur- und Landschaftsschutzgesetz, insgesamt sind es neun. In dem Alpenland gelten Igel laut Roter Liste als gefährdet.

In der Schweiz zählen Igel noch nicht zu den gefährdeten Wildtierarten. In Deutschland werden sie dagegen in einigen Bundesländern als gefährdet eingestuft. Der Igelschutz wird hier im bundesweit verbindlichen Gesetz über Naturschutz und Landespflege geregelt.

Was ist erlaubt?

Wenn Igel krank oder verletzt und damit hilflos sind, darf man sie mitnehmen und sie so lange versorgen, bis sie wieder allein überlebensfähig sind. Das gilt dem strengen Wortlaut des Gesetzes nach eigentlich nicht für Igel, die den Winter vermutlich nicht überleben würden, nur

weil sie zu wenig Gewicht auf die Waage bringen, in der Praxis gelten aber auch diese Tiere als hilflos. Deshalb macht sich niemand strafbar, wenn er zu magere Igel im Spätherbst für eine Weile bei sich aufnimmt. Denn ohne das Eingreifen des Menschen würden diese Tiere ziemlich sicher sterben. Wer einen Igel zu sich nimmt, muss jedoch – so schreibt es in Deutschland das Tierschutzgesetz vor – „das Tier seiner Art und seinen Bedürfnissen entsprechend angemessen ernähren, pflegen und verhaltensgerecht unterbringen" (TierSchG § 2, Nummer 1) und „er muss über die für eine angemessene Ernährung, Pflege und verhaltensgerechte Unterbringung des Tieres erforderlichen Kenntnisse und Fähigkeiten verfügen" (TierSchG § 2, Nummer 3).

Einfacher ausgedrückt: Wer einen Igel mitnimmt, übernimmt auch die Verantwortung für das Wohlergehen des Tiers. Schon die Entscheidung, ob ein Igel nun tatsächlich Hilfe braucht, ist nicht immer eindeutig zu treffen. Doch keine Sorge, auf den folgenden Seiten finden Sie die dafür notwendigen Entscheidungshilfen. Praktischen Rat gibt es außerdem bei Igelstationen, Tierärzten oder Natur- und Tierschutzverbänden.

Igel sind keine Haustiere!

Manche Menschen halten Igel als Haustiere – zum Beispiel Weißbauchigel, in Amerika werden sie sogar extra gezüchtet. Die Tiere verkümmern jedoch in Gefangenschaft und erleben hier meist nicht einmal ihren zweiten Geburtstag. In freier Wildbahn könnten sie dagegen mehrere Jahre alt werden.

Fauna-Flora-Habitat-Richtlinie Österreichs

Richtlinie 92/43/EWG zur Erhaltung der natürlichen Lebensräume sowie der wildlebenden Tiere und Pflanzen.

Wesentliches Ziel der Fauna-Flora-Habitat- Richtlinie (FFH-Richtlinie) ist die Erhaltung und Wiederherstellung der biologischen Vielfalt. Dieses Ziel soll mit dem Aufbau des europäischen Schutzgebietsnetzes Natura 2000 erreicht werden. Die Mitgliedstaaten sind verpflichtet, Gebiete zu nennen, zu erhalten und zu entwickeln, in denen Arten und Lebensräume von europaweiter Bedeutung vorkommen.

Die Anhänge der FFH-Richtlinie beinhalten:
- natürliche Lebensräume von gemeinschaftlichem Interesse, für deren Erhaltung besondere Schutzgebiete ausgewiesen werden müssen – Anhang I
- Tier- und Pflanzenarten von gemeinschaftlichem Interesse, für deren Erhaltung besondere Schutzgebiete ausgewiesen werden müssen – Anhang II
- Kriterien zur Auswahl der Gebiete, die als Gebiete von gemeinschaftlicher Bedeutung bestimmt und als besondere Schutzgebiete ausgewiesen werden können – Anhang III
- streng zu beschützende Tier- und Pflanzenarten von gemeinschaftlichem Interesse – Anhang IV
- Tier- und Pflanzenarten von gemeinschaftlichem Interesse, deren Entnahme aus der Natur und deren Nutzung Gegenstand von Verwaltungsmaßnahmen sein können – Anhang V
- verbotene Methoden und Mittel des Fangs, der Tötung und Beförderung – Anhang IV

Anhang I der FFH-Richtlinie listet 209 natürliche Lebensraumtypen von gemeinschaftlichem Interesse auf. Für die Erhaltung dieser Lebensraumtypen müssen Schutzgebiete ausgewiesen werden.

In Österreich sind 65 Lebensraumtypen des Anhang I der FFH-Richtlinie vertreten.

(Quelle: www.umweltbundesamt.at/ Zugriff am 23.6.2013)

Igelzentrum Zürich. (Foto: Igelzentrum Zürich)

Anlaufstelle Igelstation

Igelstationen und -schutzzentren nehmen kranke Igel auf und helfen Igelfreunden bei der Pflege eines Fundtiers. Die Zentren werden in der Regel von ehrenamtlichen Helfern betrieben und können daher nur in begrenztem Maß Igel aufnehmen. Nach der akuten, fachmännischen Versorgung geben sie die Tiere zur weiteren Pflege dann gern wieder an Privat-leute ab. Wer einen Igel findet, kann ihn nach ein paar Tagen meist selbst versorgen. Tierärzte und Igelstationen stehen dabei mit Rat und Tat zur Seite. Viele behandeln die Wildtiere kostenlos oder verlangen nur einen Kostenbeitrag für die Medikamente oder freuen sich über Spenden. Nützliche Adressen finden Sie im Anhang dieses Buches (ab Seite 94).

Igel sind vielleicht süß, aber keine Haustiere! (Foto: Weikel/Koisegg)

Hilfsbedürftige Igel

Ist ein Igel tagsüber im Garten unterwegs, dann ist das meist kein gutes Zeichen – es sei denn, er wurde von einem anderen Tier, Lärm oder Gartenarbeiten aus seinem Versteck aufgeschreckt. Beobachten Sie ihn erst eine Weile, vielleicht wechselt er nur seinen Schlafplatz.

Im Herbst sieht man die eigentlich nachtaktiven Igel dagegen häufiger auch tagsüber auf Nahrungssuche. Viele Jungtiere haben zu dieser Jahreszeit noch nicht genug Gewicht für den bevorstehenden Winterschlaf, deshalb müssen sie auch tagsüber fressen. Auch in diesem Fall sollten Sie die Tiere zunächst einige Tage beobachten und eventuell etwas zufüttern.

Igel im Winter

Ist ein Igel dagegen nach Wintereinbruch noch unterwegs, stimmt wahrscheinlich etwas nicht. Es handelt sich dann meistens um ein Jungtier ohne ausreichendes Speckpolster, manchmal auch um ein schwaches älteres Tier. Auch jetzt dürfen Sie helfen: Bieten Sie dem Tier Katzennassfutter in einer flachen Schale an, sodass der Igel leicht an das Futter kommt. Bedient sich der Igel, kann er vielleicht noch so viel Gewicht zulegen, dass er über den Winter kommt. Bei Jungigeln gelten 500 bis 600 Gramm Körpergewicht als entscheidende Grenze. Wiegt der Igel im November weniger, hat er kaum Chancen, die kalte Jahreszeit zu überleben. Ziel ist es also, das

Tier so aufzupäppeln, dass es über diese Marke kommt. Falls das nicht klappt, braucht es meist längere und intensivere menschliche Unterstützung, auch durch einen Tierarzt.

Kranke Igel

Igel schlafen normalerweise tagsüber. Wenn ein Igel also scheinbar friedlich schlummernd lang ausgestreckt auf Ihrer Terrasse liegt, nimmt er kein Sonnenbad, sondern hat es vermutlich einfach nicht mehr bis in sein Versteck geschafft. Beobachten Sie das Tier zunächst eine Weile, ohne es zu stören. Lässt sich der Igel mit einem Stock berühren, ohne sich einzurollen, ist er fast immer schwer krank. Läuft und reagiert er insgesamt sehr langsam, können Sie sich fast sicher sein: Hier ist etwas nicht in Ordnung.

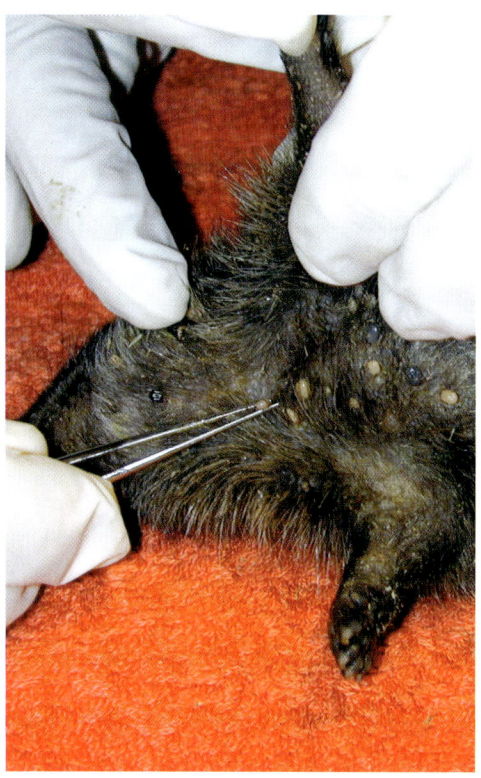

Der Tierarzt entfernt Parasiten. (Foto: Igelzentrum Zürich)

Rechtzeitig handeln

Nur wenige Stunden können bei akut kranken Igeln über ihr Überleben entscheiden. Der erste Schritt ist das Beobachten des Tiers. Ist es verletzt, ist die Entscheidung meist sofort getroffen: Sie nehmen den Igel mit! Fassen Sie den Igel zum Schutz grundsätzlich mit sogennanten Einmalhandschuhen an. Igel, die von einem Auto angefahren wurden, sind meist nicht mehr zu retten. Der Gang zum Tierarzt bedeutet dann meistens eins: Einschläfern! Das ist traurig, erlöst das Tier aber von Schmerzen und erspart ihm einen sehr qualvollen Tod. Ein dünner Körper mit hervorstehenden Schulter- und Hüftknochen deutet auf eine Erkrankung hin. Bei stark abgemagerten Igeln zeigt sich die sogenannte Hungerfalte (siehe Seite 23-24). Um kranke Igel herum fliegen außerdem manchmal Fliegen, oder die Tiere sind von deren Eiern und Maden bevölkert. Oft hört man einen kranken Igel auch husten oder röcheln, seine Augen sind dann trüb und eingefallen. Ebenso sind Durchfall, übermäßiger Parasitenbefall oder ein torkelnder Gang eindeutige Hinweise auf eine Krankheit. Wenn Sie unsicher sind, rufen Sie einen Tierarzt oder eine Igelstation an und schildern Sie den Zustand des Igels. Danach können Sie besser entscheiden, was zu tun ist.

Verletzte Igel

Blutet ein Igel, eitert eine Wunde oder hinkt er, braucht er sofort Hilfe. Jetzt sollten Sie das Tier auf jeden Fall mitnehmen und von einem Tierarzt versorgen lassen. Manche Verletzungen sind nicht eindeutig zu erkennen, vor allem am Bauch und im Kiefer-Maul-Bereich. Auch Verletzungen an den Gliedmaßen erkennen selbst Tierärzte oft erst, wenn sie den Igel ganz genau untersuchen. Manchmal müssen sie ihn dafür narkotisieren.

Verwaiste Igelbabys

Vielleicht ist das verletzte oder kranke Tier eine säugende Igelmutter? Damit stellt sich auch gleich die nächste Frage: Wie stellt man es an, das Geschlecht eines Igels zu bestimmen? Schließlich befinden sich die Geschlechtsteile unten am Bauch. Streicheln Sie dem Igel mehrmals sanft über den Rücken. Irgendwann rollt er sich auf, dann können sie seine Hinterbeine wie eine Schubkarre anheben und den Bauch genau betrachten. Tragen Sie dabei Handschuhe oder wickeln Sie sich ein Tuch um die Hände. Es dient Ihrem eigenen Schutz – vor dem Gepikstwerden und vor Parasiten.

Von Juli bis September sind verletzte Igelmütter keine Seltenheit: Suchen Sie also vorsichtshalber die Umgebung nach einem Nest und allein gelassenen Igelbabys ab, bevor Sie einen erwachsenen Igel mitnehmen. Die Säuglinge sind vielleicht auf der Suche nach ihrer Mutter bereits aus ihrem Nest gekrochen. Ohne sie haben die Kleinen keine Überlebenschance.

Genau hinschauen

Igeljunge, die tagsüber unterwegs sind und noch geschlossene Augen haben, sind völlig hilflos. Haben sie ihre Mutter verloren, treibt sie der Hunger aus dem Nest. Sie brauchen jetzt sofort Hilfe. Bei größeren, gesund wirkenden Igeljungen können Sie ruhig einige Stunden abwarten, bevor Sie etwas unternehmen. Haben sie bereits offene Augen, dichtes Fell am Bauch und dunkle Stacheln, dann sind sie vielleicht einfach selbstständig ohne ihre Mutter unterwegs. Marschiert der Igelnachwuchs munter in der Dämmerung umher, ist meistens alles in Ordnung. Mit etwa vier Wochen machen Igelsäuglinge schon allein erste Ausflüge. Irgendwann holt sie die Igelmutter dann wieder zurück ins Nest. Sollte dies nicht der Fall sein, dann nehmen Sie die Tiere nach einigen Stunden mit.

Für Wärme sorgen

Igelsäuglinge unterkühlen schnell. Ob ein Igelbaby Wärme braucht, erkennen Sie daran, dass seine Bauchseite deutlich kühler ist als Ihre Hand. Fassen Sie es aber nur mit dünnen Handschuhen an und nur dann, wenn Sie ganz sicher sind, dass es Hilfe braucht. Gesunde Babys könnten nämlich von ihrer Mutter getötet oder verlassen werden, wenn sie fremde Gerüche aufweisen. Unterkühlte Igelbabys müssen schnell gewärmt werden. Am besten umwickelt man eine lauwarme Wärmflasche mit einem Frotteehandtuch und legt sie in einen hochwandigen Karton. Die kleinen Igel werden auf das Handtuch gesetzt

Vorsichtig wird die Nahrung eingeflößt. (Foto: Igelzentrum Zürich)

und mit einem zweiten abgedeckt. Eine Tischlampe kann zusätzlich für etwas Wärme sorgen: Richten Sie eine 5-Watt-Energiesparlampe oder eine 18-Watt-Halogenlampe mit 20 bis 25 Zentimeter Abstand auf den Karton. Falls Sie eine Wärmelampe zu Hause haben: noch besser! Achten Sie nur auf ausreichend Abstand, damit es nicht zu heiß für die Igelbabys wird. Die Pflegekinder müssen auch die Möglichkeit haben, sich in eine kühlere Ecke im Karton zurückzuziehen, falls es ihnen zu warm wird.

Babysitting für Geduldige

Die Pflege des ganz jungen Igelnachwuchses ist recht anspruchsvoll. Bringen die Fundtiere weniger als 150 Gramm auf die Waage, sind sie bei den Profis der Igelstationen oder bei Tierärzten besser aufgehoben. Sie müssen alle drei oder vier Stunden mit der Pipette gefüttert werden und benötigen Unterstützung beim Ausscheiden von Kot und Urin. All das will gelernt sein und bedeutet einen nicht unerheblichen

Aufwand. Wer genügend Erfahrung mit Igel-babys hat, der gibt dem Findling zur ersten Stärkung eine Mischung aus zwei Teilen Wasser und einem Teil Welpenersatzmilch. Letztere gibt es bei Igelstationen, Tierärzten sowie in Zoofachgeschäften.

Wiegen die Igelbabys bereits mehr als 150 Gramm, sind sie normalerweise etwa vier Wochen alt, haben Zähne und sollten daher selbstständig fressen können. Dann können auch ganz normale Igelfreunde die Aufzucht fortsetzen.

Der Igel-Check-up

Diese Fragen helfen Ihnen bei der Beurteilung des Gesundheitszustands eines Igels:
- Wie ist sein Ernährungszustand?
- Hat er Verletzungen?
- Ist er massiv von Außenparasiten befallen?
- Wie sieht sein Kot aus?
- Wie klingt seine Atmung?
- Verhält er sich ungewöhnlich?
- Läuft er unsicher?

Notaufnahme für eine Nacht

Sind Sie unsicher, ob ein Igel tatsächlich Hilfe braucht? Bevor Sie ihn einpacken, bedenken Sie auch: Der Umgebungswechsel und der Transport bedeuten für den Igel immer enormen Stress. Wann immer möglich, beobachten Sie ihn lieber vor Ort. Wenn das nicht machbar ist, dann nehmen Sie ihn vorsichtshalber für eine Nacht mit nach Hause.

Da Igel nachtaktiv sind, lässt sich tagsüber nicht immer eindeutig beurteilen, ob sie sich normal verhalten oder nicht. Setzen Sie den Igel am besten in eine Badewanne, die Sie vorher mit Zeitungspapier ausgelegt haben. Hier kann er nicht ausbüxen. Der Igel braucht außerdem ein Nest zum Schlafen: Aus einem etwa 30 Zentimeter langen und breiten Karton kann man ein Loch als Eingang für den Igel herausschneiden und zerrissenes Zeitungspapier hineinlegen. Dann wird der Karton mit dem Boden nach oben in die Wanne gestellt. Bieten Sie dem Igel – je nach Größe – in flachen Schalen zwei bis vier Esslöffel Katzen- oder Hundenassfutter sowie ausreichend Wasser an.

Gesund oder krank?

Ein gesunder Igel ist während der Nacht aktiv, er inspiziert die ganze Badewanne und wird fast alles auffressen. Setzen Sie ihn in diesem Fall anschließend wieder am Fundort aus. Trifft das jedoch nicht zu, ist der Igel vermutlich krank. Nun nehmen Sie mit einem Tierarzt oder einer Igelstation Kontakt auf. Sollte der Igel viele Zecken haben, dann kleben Sie ein doppelseitiges Klebeband von innen an den Badewannenrand. Daran bleiben die Blutsauger kleben und wandern sicher nicht in Ihrem Bad umher. Reinigen Sie Ihre Badewanne nach der Igelstippvisite gründlich.

Igelpflege zu Hause

Manchmal kann es sein, dass ein Igel so krank ist, dass er für eine Weile unsere Hilfe benötigt. Generell lässt sich jedoch sagen: Ein Wildtier darf nur so lange in menschlicher Obhut bleiben, wie es unbedingt nötig ist.

Hygiene nicht vergessen

Igel sind drollig und sehen harmlos aus. Und normalerweise sind sie das auch. Mit ihren Stacheln und Zähnchen können sie uns Menschen aber auch wehtun.

Seien Sie deshalb vorsichtig, wenn Sie sich einem Igel nähern oder ihn berühren. Fassen Sie ihn nicht mit bloßen Händen an. Tragen Sie Handschuhe oder schützen Sie den Igel mit einem Handtuch. Das bewahrt Sie nicht nur vor einer Verletzung, sondern möglicherweise auch vor Zecken, Flöhen oder einer ansteckenden Krankheit, die Igel wie andere Wildtiere auch in sich tragen können.

Solange Sie nicht wissen, welche Krankheit Ihr Igel hat, achten Sie besonders gut auf Hygiene. Das schließt Händewaschen und die gründliche Reinigung aller Gegenstände ein, die Sie zur Igelpflege und -behandlung verwenden. Vor allem, wenn mehrere Igel gleichzeitig gepflegt werden, muss man vermeiden, dass sich die Tiere gegenseitig immer wieder anstecken. Handtücher waschen Sie bei 95 °C, das tötet Ungeziefer, Viren, Pilze und Bakterien.

Zecken entfernen

Igel sind oft von Zecken geplagt. Die Blutsauger entfernt man am besten mit einer speziellen Zeckenzange, bitte nicht mit Öl oder Nagellack. Entfernte Zecken werden mit einem harten Gegenstand zerdrückt, damit sie sich keinen neuen Wirt suchen können. Häufig sitzen auch viele kleine, für unsere Augen kaum sichtbare Zecken auf dem Igelkörper. Daher sollten Igel bei Bedarf mit einem Insektenspray eingesprüht werden, das auch Flöhe und anderes Ungeziefer abtötet. Das sollten Sie aber nur auf Anweisung eines Fachmanns tun. Dieser verabreicht dem Igel auch eine Injektion mit einem speziellen Mittel, das die Zecken abtötet.

Zwischen dem Stroh kann sich der Igel gut verstecken. (Foto: Igelzentrum Zürich)

Bedürfnisse beachten

All das soll Sie jedoch nicht abschrecken, einen Igel in Pflege zu nehmen. Im Gegenteil: Igelpflege hilft, macht Spaß und nicht krank – wenn Sie sich an die grundlegenden Hygieneregeln halten.

Bekommen Sie also für einige Zeit tierischen Familienzuwachs, versuchen Sie ihm – so weit möglich – ein Umfeld zu bieten, das seinem natürlichen Lebensraum ähnelt. Tatsächlich nachbilden können Sie diesen ohnehin nicht, aber die Eigenheiten und Bedürfnisse des Stacheltiers müssen – so gut es eben geht – beachtet und auch geachtet werden.

Igel anfassen

Wer zum ersten Mal vor einem hilflosen Igel steht, stellt sich logischerweise eine ganz praktische Frage: Wie fasse ich dieses stachelige Tier denn eigentlich am besten an?

Das ist gar nicht so schwierig. Nehmen Sie ihn vorsichtig mit einem Handschuh oder behelfsweise auch mit einem Handtuch hoch. Wenn Sie ihn mit beiden Händen seitlich am Übergang vom Stachelkleid zum Fell anfassen, rollt er sich nicht gleich ein. Ist er schon eingerollt, können Sie die Kugel vorsichtig von unten anheben. Oder streicheln Sie einige Male behutsam über sein Stachelkleid – viele Igel rollen sich dann wieder auf. Legen Sie ihn anschließend in einen Karton, den Sie vorher mit Zeitungspapier ausgelegt haben. Jetzt können Sie das Tier in Ruhe anschauen und gut nach Hause oder zum Tierarzt transportieren. Bleibt der Igel für eine Weile Ihr Patient, müssen Sie ihn anfangs täglich, später wöchentlich wiegen.

Igel wiegen

Das Körpergewicht ist bei einem Igel sehr wichtig, denn es gibt Aufschluss über seinen Gesundheitszustand. Wenigstens 500 Gramm Gewicht sollte jeder Jungigel haben, bevor der Winter kommt. Liegt es darunter, sinken seine Chancen erheblich, die nächsten Monate zu überstehen. Doch wie stellt man das Wiegen des Stacheltiers am geschicktesten an? Setzen Sie den Igel dazu vorsichtig in eine grammgenaue Waage. Legen Sie ihn mit dem Rücken nach unten in die Schale, dann rollt er sich ein und bleibt ruhig liegen. Tragen Sie sein Gewicht täglich in ein Pflegetagebuch ein, ein Muster finden Sie im Anhang auf Seite 92. Bereits nach ein paar Tagen können Sie ablesen, wie sich das Tier in Ihrer Obhut entwickelt.

Das richtige Quartier

Ein kranker Igel, der im Haus gehalten werden muss, braucht igelgerechte Nahrung und immer ein kleines Nest zum Schlafen in einem größeren Innengehege. Lässt es sein Gesundheitszustand zu, ist er draußen im Garten in einem größeren Freigehege besser aufgehoben. Auch wenn Jungtiere erstmals ausgewildert werden, sollten sie zunächst in einem großen Freigehege lernen, sich in der Natur zurechtzufinden. Das Freigehege fungiert für mit der Hand aufgezogene Igeljunge als eine Art Trainingscamp: Hier lernen sie die noch

Igel sollten gewogen werden, um die Gewichtszunahme zu dokumentieren. (Foto: Igelzentrum Zürich)

fremde Natur zunächst spielerisch in einem geschützten Raum kennen. Danach sind sie bereit für den Ernst des Lebens.

In der freien Natur sind Igel Einzelgänger. Sie sollten das auch „in Gefangenschaft" bleiben. Das heißt: Jeder Igel braucht sein eigenes Quartier. Nur Igelbabys aus einem Wurf können und sollen sogar gemeinsam gehalten werden. Erst wenn sie die 350-Gramm-Grenze überschreiten, ist es besser, sie zu trennen. Igel sind in der Regel friedlich. Leben sie jedoch zu eng aufeinander, kann es zu Streitereien kommen, die unter Umständen mit bösen Verletzungen enden.

Was fressen Igel?

Am einfachsten für Igelpfleger ist es, das Fundtier mit handelsüblichem Nassfutter für Katzen zu füttern. Damit der Igel eine vollwertige Ernährung bekommt, empfiehlt es sich, etwas Futterkalk (erhältlich im Zoofachgeschäft) und rohfaserreiche Kost wie zum Beispiel Kleie oder Haferflocken unterzumischen. Den meisten Igeln ist es dabei ganz egal, welche Sorte Futter sie bekommen. Sie sind nicht sehr wählerisch, und die Grundstoffe der verschiedenen Sorten ähneln sich ohnehin oft. Igel sind keine Vegetarier. Pflanzliche Nahrung wie Äpfel, Bananen oder Avocados können vom Igelmagen nicht verwertet werden. Auch bei Fischsorten rümpfen Igel erfahrungsgemäß häufiger mal die Nase – das schmeckt ihnen nicht besonders. Huhn und Rind kommen eigentlich immer gut an.

Das muss drin sein

Die Ersatznahrung der Insektenfresser muss sich an der Zusammensetzung ihrer natürlichen Kost orientieren. Tierische Eiweiße und Fett dürfen auf ihrem Speiseplan nicht fehlen.

Die richtige Menge

Die richtige Futtermenge herauszufinden, ist nicht ganz einfach. Entscheidend ist in erster Linie nicht, wie viel ein Igel frisst, sondern wie sich sein Gewicht entwickelt. Als Grundregel gilt: Jungigel sollten pro Nacht zehn bis 20 Gramm zulegen. Das gilt auch für magere erwachsene Igel, hier dürfen es auch ein paar Gramm mehr sein. Ein normalgewichtiger erwachsener Igel (800 bis 1 500 g) hält in der Regel ziemlich konstant sein Gewicht. Leichte Schwankungen sind normal.

Als Orientierung für die richtige Futtermenge kann diese Angabe helfen: Ein 700 bis 800 Gramm schwerer Igel frisst 150 bis 200 Gramm Nassfutter pro Tag. Das ist mehr, als er in der freien Wildbahn fressen würde, aber das Ersatzfutter ist auch nicht so gehaltvoll wie Käfer oder Regenwürmer. Entscheidend für die Futtermenge ist die Entwicklung des Körpergewichts: Nimmt der Igel ab, obwohl er alles gefressen hat, steigert man die Futtermenge etwas. Dass ein Igel am Anfang nichts frisst, kann ganz normal sein. Für den Igel hat sich viel verändert: Er ist aus seiner gewohnten Umgebung gerissen, er hört Geräusche, die er nicht zuordnen kann, und riecht Dinge, die er nicht kennt. All das macht ihm Angst. Geben Sie ihm also Zeit, damit er sich eingewöhnen kann. Stellen Sie ihm das Futter hin und lassen Sie ihn dann allein. Fühlt er sich sicher, wagt er sich aus seinem Versteck heraus und beginnt zu fressen.

Der Igel frisst nicht?

Verweigert ein Igel ein oder zwei Nächte lang die Nahrungsaufnahme, stecken meist ernsthafte Probleme dahinter, oft eine innere Erkrankung, manchmal auch kaputte Zähne. Der Igel muss jetzt dringend zum Tierarzt oder in eine Igelstation.

Achtung, Übergewicht!

Bleiben Sie bei ausgehungerten Igeln in den ersten zwei Nächten unbedingt noch unter den oben genannten Mengen. Die Tiere würden jetzt sehr gern auch mehr fressen, zu viel Nahrung auf einmal schadet ihnen in ihrem akuten Zustand aber eher. Gerade ausgehungerte Igel können sich völlig überfressen. Nach zwei Nächten darf dann die Menge gesteigert werden. Ein ratzeputz leer gefressener Napf bedeutet aber auch nicht gleich, dass der Igel noch mehr Hunger hat. Viele Igel fressen einfach alles auf und werden in kürzester Zeit sehr dick. Bei Igelstationen werden immer wieder total verfettete Pflegeigel vorgestellt. Das ist meist gut gemeint von den Pflegern, aber äußerst schlecht für die Gesundheit des Igels.

Trockenfutter

In vielen Zoohandlungen wird spezielles Igelfutter angeboten. Als alleiniges Futtermittel reicht das jedoch nicht aus; einige haben zu viele Kohlenhydrate, zu wenig Fett und Proteine. Igelstationen geben es daher manchmal gemischt mit Katzentrockenfutter. Für ein paar Tage ist es eine akzeptable Alternative. Ein frei lebender Igel ist es sowieso gewohnt, harte Kost zu fressen. Damit sein Gebiss trainiert bleibt, ist eine kleine Menge Katzentrockenfutter sogar empfehlenswert. Das verhindert Zahnstein. Ein weiterer positiver Nebeneffekt: Der Igel hat daran länger zu knabbern, und das vertreibt ihm die Langeweile in der Gefangenschaft.

Kochen für den Igel

Kranke Igel kann man aufpäppeln, indem man ihnen zusätzlich einen Vitamin- und Mineralstoffcocktail verabreicht. Normalerweise deckt das Katzenfutter ihren Bedarf aber eine Zeit lang ganz gut ab. Zusatzfuttermittel sollten nur auf tierärztlichen Rat hin gegeben werden. Wer viel Zeit und Spaß daran hat, kann seinem Igel auch selbst etwas kochen: Eine Mischung aus gebratenem Rinderhackfleisch und Rührei fressen Igel gern, genauso Geflügel. Garen Sie das Fleisch wegen der Salmonellengefahr immer gut durch! Wichtig: Verzichten Sie beim Braten auf Gewürze und Butter und verwenden Sie pflanzliches Öl, das versorgt die Tiere gleich mit Vitaminen.

Das schmeckt Igeln!

Katzennassfutter
Trockenfutter für Katzen
Rinderhackfleisch, gebraten
Geflügel, gebraten
Eier, gekocht oder gebraten

Igelmenüs

Große Igelportion (150 g)
- 140 Gramm Katzenfutter gemischt mit
  2 EL Weizenkleie

Mittlere Igelportion (110 g)
- 100 Gramm Katzendosenfutter gemischt
  mit 2 EL Haferflocken

Kleine Igelportion (80 g)
- 1 mittelgroßes Rührei gemischt mit
  2 EL Haferflocken

Besonders nahrhafte Igelportion (60 g)
- 50 Gramm gebratenes Rinderhack,
  gemischt mit 1 EL Igeltrockenfutter

Das Nahrungsangebot sollte vielfältig sein.
(Foto: Igelzentrum Zürich)

Schauen Sie sich die Tricks der erfahrenen Igelpfleger ab: Die kochen gleich größere Futtermengen und frieren einzelne Portionen für später ein. Auf das Verfüttern von Obst und Gemüse können Sie getrost verzichten. Auch Milchprodukte haben auf der Igelspeisekarte nichts verloren. Sie bekommen ihnen nicht.

Was noch zu beachten ist

Igel sind nachtaktiv, folglich fressen sie auch am häufigsten nachts und freuen sich daher am Abend über Futter. Es sollte handwarm sein, frisch aus dem Kühlschrank schmeckt ihnen Nassfutter nicht.

Kranke Igel sind bisweilen etwas durcheinander, manchmal leben sie vorübergehend nicht nach dem für sie typischen Rhythmus. Bieten Sie diesen Tieren auch tagsüber etwas Futter an. Versuchen Sie aber, den Igel wieder an seinen natürlichen Lebens- und Fressrhythmus zu gewöhnen.

Und noch etwas: Igel klettern beim Fressen gern in die Futternäpfe. Geeignet sind daher flache, kippsichere Gefäße wie Blumentopfuntersetzer. So kann der Igel gut und sicher an das Futter herankommen. Hat er aufgefressen, kommen die Schalen aus dem Gehege und werden gründlich gereinigt.

Was trinken Igel?

Igel trinken Wasser, und zwar nur Wasser. Immer wieder wird ihnen Milch gegeben. Die trinkt der Igel zwar, gut tut sie ihm aber nicht. Stattdessen sorgt die Milch für Durchfälle. Der Igeldarm kann den Milchzucker nämlich nicht verarbeiten.

Solange Igel mit Nassfutter ernährt werden, trinken sie meist nicht sehr viel. Sie nehmen ja bereits einiges an Flüssigkeit mit dem Futter auf. Reinigen Sie die Näpfe trotzdem jeden Tag gründlich und geben Sie Ihrem Igel täglich frisches Wasser.

Unterkunft im Haus

Wenn Sie einen kranken Igel bei sich aufnehmen, braucht er ein Gehege. Solange er akut krank ist, sollte er in einem Innengehege im Haus gehalten werden, damit Sie ihn besser beobachten können. Trotzdem braucht das Wildtier so viel Bewegungsfreiheit wie möglich, das Gehege sollte daher mindestens zwei Quadratmeter groß sein. Vielleicht haben Sie ja eine passende Holzkiste in dieser Größe? Wenn nicht, kann man eine aus Holz- oder Spanplatten zimmern. Wenig geeignet sind dagegen Kartons, hier können sich Igel mit ihren scharfen Zähnen durch die Wände beißen.

Ein Schlafhaus für Igel

Die Wände der Kiste sollen mindestens 50 Zentimeter hoch sein, so kann der Igel nicht ausbrechen. Die Kiste wird mit Zeitungspapier ausgelegt, das man täglich wechselt. So bleibt das Igelgehege schön sauber. In diesem Innengehege darf natürlich ein Schlafhaus

nicht fehlen, in dem der Igel in aller Ruhe und unbeobachtet schlafen kann. Dort versteckt er sich auch, wenn er Angst hat. Hierzu dient ein 30 bis 40 Zentimeter großer Karton, in dessen eine Seite ein Schlupfloch geschnitten wird, durch das der Igel mühelos hindurchpasst. Der Karton wird mit zerknülltem und zerrissenem Zeitungspapier gefüllt, aus denen sich der Igel ein bequemes Bett baut. Auch dieses Zeitungspapier sollten Sie täglich austauschen, da Igel auch in ihr Schlafhaus koten.

Wohin mit dem Gehege?

Stellen Sie das Schlafhaus und die Futter- und Trinknäpfe in die Holzkiste – fertig ist das Gehege für Ihren Patienten! Nun fehlt nur noch der geeignete Standort für das vorübergehende Igelquartier. Am besten steht es in einem

Das Igelhaus sollte immer sauber gehalten werden. (Foto: Igelzentrum Zürich)

ruhigen und trockenen Raum mit einer Temperatur über 15 °C, sonst könnten sich auch kranke Igel auf den Winterschlaf vorbereiten, den sie vermutlich nicht überleben würden. Wichtig ist, dass der Raum ein Fenster hat, damit der Igel weiter seinen natürlichen Tag-Nacht-Rhythmus leben kann. Erfüllen Kellerräume oder Gartenlauben diese Kriterien — wunderbar! Kinder- oder Wohnzimmer scheiden definitiv als Plätze aus: Hier ist es zu laut und zu warm. Auch Räume, in die Haustiere gelangen können, sind ungeeignet.

Unterkunft im Freigehege

Igel sollten nach Möglichkeit im Freien gehalten werden — es sei denn, sie sind noch zu krank. Müssen sie nur noch an Gewicht zulegen, sind Igel aber draußen am besten aufgehoben. Ein Freigehege brauchen zum Beispiel von Hand aufgezogene Jungtiere, die erst ausgewildert werden, oder junge Igel, die im Spätherbst noch unter 500 Gramm wiegen und daher erst später und dann vielleicht in menschlicher Obhut ihren Winterschlaf halten können. Ein Freigehege sollte auf einer möglichst ebenen Wiese im Garten errichtet werden, ein Großteil des Geheges soll im Schatten liegen. Ideal ist eine Größe von wenigstens vier Quadratmetern, besser sind zehn. Die Fläche kann mit Holzbrettern oder einem sehr feinmaschigen Zaun von mindestens 50 Zentimeter Höhe abgesteckt werden. Die oberen zehn Zentimeter des Zaunes müssen mit Klebeband abgeklebt werden, damit der Igel nicht entwischt. Der Zaun wird dazu mit Campingheringen in der Erde oder mit schweren Stei-

Das Outdoor-Schlafhaus

Sägen Sie in eine 30 mal 30 Zentimeter große Holz- oder Styroporkiste ein Schlupfloch und stellen Sie diese in das Freigehege. Ein paar Löcher an den Seitenwänden sorgen zusätzlich für leichte Belüftung. Befüllen Sie die Kiste mit Stroh, denn Zeitungspapier wird draußen schnell feucht. Ein Karton wie für das Innengehege ist hier wenig geeignet: Beim ersten Regen würde das Schlafhaus aufweichen und in sich zusammenfallen.

nen fixiert. So wird verhindert, dass sich andere Tiere zu den Igeln durchbuddeln oder der Igel ausbricht und sich dabei verletzt. Auch im Freigehege braucht der Igel ein wärmendes Nest, in dem er schlafen kann.

Das Gehege einrichten

Das Schlafhaus steht am besten so, dass sich der Eingang an der regenabgewandten Seite befindet. Geht es ganz leicht bergab? Noch besser! So bildet sich selbst bei starken Regenfällen keine Pfütze im Inneren, denn das Wasser fließt zum Eingang hin ab. Kontrollieren Sie am besten täglich, ob das Nestmaterial feucht geworden ist, und tauschen Sie es dann bei Bedarf aus. Der Igel freut sich außerdem über einen oder mehrere Sträucher innerhalb seines Geheges — hier findet er natürliche Nahrung und einen Schattenplatz. Stellen Sie außerdem seine Fress- und Trinknäpfe so auf, dass andere Tiere sie nicht erreichen können. Ideal hierfür ist

In diesem vorbereiteten Haus kann der Igel auch überwintern. (Foto: Igelzentrum Zürich)

eine zweite regenfeste Kiste, ähnlich gebaut wie das Schlafhaus, dorthinein können andere Tiere nicht kriechen.

Näpfe und Gehege müssen täglich von Futterresten und Kot gereinigt werden. Sobald der Igel in den Winterschlaf gefallen ist, hören Sie bitte mit dem Füttern und Reinigen auf. Der Igel braucht nun seine Ruhe zum Schlafen.

Überwintern im Haus

Das Überwintern bei uns Menschen sollte für Igel die Ausnahme bleiben. Nötig wird es in der Regel nur bei geschwächten Jungtieren oder kranken Igeln. Igel halten normalerweise mehrere Monate lang Winterschlaf. Und das sollten sie auch bei uns Menschen tun – nach Möglichkeit in einem Freigehege. Auch im Win-

ter können die Tiere in ein Freigehege umgesiedelt werden. Ist Ihr Igel vor Wintereinbruch noch nicht ganz gesund und haben Sie keinen Platz für ein großes Freigehege? Dann stellen Sie sein bisheriges Innengehege an einen schattigen Platz auf dem Balkon oder auf der Terrasse. Auch ein kalter Raum kommt infrage, aber nur, wenn er etwa der Außentemperatur entspricht. Überhaupt: Während des Winters muss sein Schlafhaus immer im Schatten stehen. Scheint die Sonne darauf, erwacht er vielleicht zu früh, und liegen die Werte dauerhaft über fünf Grad, kann der Igel nicht tief genug schlafen.

Regelmäßig kontrollieren

Das Zeitungspapier im Schlafhaus wird rechtzeitig gegen Stroh ausgetauscht – das isoliert das Winternest besser. Oder noch wärmender: eine Styroporbox, in die zuvor Eingangs- und Lüftungslöcher geschnitten werden. Solange der Igel noch wach ist, kontrolliert man regelmäßig sein Gewicht. Sobald er über 500 Gramm wiegt, darf er schlafen. Ein kurzer Winterschlaf ist für Igel immer noch besser als gar keiner!

Ab und zu wachen Igel für kurze Zeit aus dem Winterschlaf auf. Für diesen Fall stellen Sie eine Portion Trockenfutter in einem Schälchen auf; auch das Wasser muss immer wieder erneuert werden. Ein täglicher Kontrollblick in das Gehege sollte daher sein, denn manchmal bleiben Igel sogar ein paar Tage lang wach und brauchen dann regelmäßig Nahrung. In den Monaten März bis April wachen die Igel normalerweise aus dem Winterschlaf auf. Die Trennung von Igel und Mensch steht dann unmittelbar bevor.

Igel sind ortstreu

Igel erinnern sich ganz genau an ihre alte Umgebung, sie merken sich ihre Lieblingsfutterplätze und gute Verstecke. Deshalb ist es auch so wichtig, sie wieder in ihrer alten, gewohnten Umgebung auszusetzen.

Ab Oktober wir das aber schwierig. Jungigel werden ab November nicht mehr freigelassen, sondern verbringen den Winterschlaf im Gehege. Sie werden erst im Frühling freigelassen, wenn sie den Lebensraum selbstständig erkunden können! Erwachsene Igel kann man fast zu jeder Jahreszeit am Fundort freilassen. Sie kennen bereits geeignete Winterschlafplätze und Futterplätze, wo sie auch in schwierigen Zeiten noch Futter finden.

Igel auswildern

Glücklich können Sie sich schätzen, wenn Ihr Pflegeigel rechtzeitig vor dem Einbruch des Winters das kritische Gewicht von mindestens 500 Gramm erreicht hat und wieder völlig gesund ist. Sie haben ihn so gut aufgepäppelt, dass er den Winter in freier Wildbahn verbringen kann. Steht dem Igel vor dem Wintereinbruch noch ein Monat zur Verfügung, in dem es auch Futtertiere gibt, kann er an den Fundort zurückgebracht werden. Bringen Sie ihn in den frühen Abendstunden dorthin, in der Dämmerung wird der Igel aktiv und kann seine neue Umgebung gleich auskundschaften.

Der richtige Zeitpunkt

Musste der Igel in menschlicher Obhut überwintern, erfolgt die Auswilderung spätestens im April oder Mai. Es sollte tagsüber bereits recht mild sein, idealerweise um die 15 °C. Diese Trennung muss viel behutsamer erfolgen und dauert insgesamt rund vier Wochen. Sie sollte beginnen, sobald der gesunde Igel in der Natur wieder ausreichend Nahrung findet. Bestes Anzeichen dafür: Sträucher und Hecken blühen. Füttern Sie den Igel noch so lange, bis er wieder etwa so viel wiegt wie vor dem Winterschlaf. Das dauert erfahrungsgemäß zwei bis drei Wochen: 650 bis 700 Gramm sind ein gutes Startgewicht in die Freiheit.

So kann der Igel ungestört ins Freie gelangen.
(Foto: Igelzentrum Zürich)

Kommt der ursprüngliche Fundort fürs Freilassen nicht infrage, zum Beispiel weil er an einer viel befahrenen Schnellstraße liegt oder inzwischen zu einer Baustelle wurde, kundschaften Sie für Ihren Igel ein schönes neues Zuhause aus.

Mit Igelaugen schauen

Betrachten Sie Ihre Umgebung dazu aus der Igelperspektive. Igelschützer raten zu einem mindestens 100 Meter großen Aktionsradius, in dem der Igel sich ungefährdet bewegen kann. Beliebt bei Igeln sind eingewachsene Gärten mit vielen Hecken und Büschen oder ähnlich beschaffene Wald- oder Ortsrandgebiete, in denen viele Insekten leben. Auch eine Wasserstelle sollte in der Nähe vorhanden sein. Sind alle Voraussetzungen erfüllt, kann der Igel behutsam ausgewildert werden.
    Die kleinen Igel haben einen großen Bewegungsradius. Ein einzelner Naturgarten – und mag er noch so paradiesisch für Igel sein –

Hier wollen Igel nicht wohnen:
- in Wäldern ohne Unterholz
- in steilen Hanglagen
- in Gebieten, in denen Dachs und Fuchs
  zu Hause sind
- in Überschwemmungsgebieten

reicht in der Regel noch nicht aus, um einen Igel dauerhaft glücklich zu machen, wenn ringsherum Beton vorherrscht. Ideal sind einige zusammenhängende, igelfreundliche Gärten, in denen der Igel nach Lust und Laune umherstreifen kann.

Von Hand aufgezogene Igel

Eine Ausnahme bei der Auswilderung gibt es für handaufgezogene Igel, die sehr früh in Pflege genommen werden mussten und solche, die mit einem Lebensgewicht von 200 bis 300 Gramm aufgefunden wurden. Bei ihnen hat sich die Ortskenntnis noch nicht ausbilden können. Wer einen Igel schon als blinden Säugling in Pflege genommen hatte, kann ihn an einem beliebigen, aber igelfreundlichen Ort auswildern, eventuell sogar direkt im eigenen Garten. Dann öffnet man einfach sein Freigehege und bietet ihm darin noch für etwa zehn Tage Futter am gewohnten Platz an. So kann er bei Bedarf dorthin zurückkommen. Nach zwei Wochen wird sich der Jungigel wahrscheinlich allein zurechtfinden, dann können Sie das Gehege entfernen. Und vielleicht gefällt es ihm in dieser Umgebung dann so gut, dass er sich dort dauerhaft niederlässt.

Profi gefragt –
Fälle für den Tierarzt

(Foto: Weikel/Kolsegg)

Hilfe per Telefon

Im Herbst laufen bei Tierärzten und Igelzentren die Telefone heiß. Zu dieser Jahreszeit begegnen uns immer wieder auch tagsüber Igel. Oft lässt sich bereits am Telefon klären, ob ein Igel tatsächlich unsere Hilfe braucht. Manchmal raten die Experten zu einer Notaufnahme für eine Nacht, danach lässt sich abschätzen, ob dem Tier etwas fehlt. Ist ein Igel akut krank, braucht er schnelle und professionelle Hilfe. Anschließend kann er meist zu Hause gepflegt werden.

Eines sollte der Tierarzt immer sofort checken: den Igelkot. Er muss auf Parasiten untersucht werden. Am besten bringen Igelfinder gleich etwas Kot zur Untersuchung mit. Mit einem Holzspatel lässt er sich aufnehmen und in einer kleinen Kunststoffdose mit Deckel aufbewahren. Das sicherste Ergebnis erzielt man, wenn man den Kot von zwei oder drei Tagen sammelt. Die Probe muss so lange kühl aufbewahrt werden.

Parasiten des Igels

Die meisten Igel tragen Parasiten wie Würmer in sich. Oft können sie damit sehr gut leben; kommen jedoch weitere Faktoren wie beispielsweise Unterernährung dazu, entwickeln die Tiere Krankheitssymptome und müssen dringend behandelt werden.

Durchfall, Appetitlosigkeit, Austrocknung und Gewichtsverlust sind Anzeichen für Würmer oder bakterielle Infektionen des Igeldarms. Häufig tritt beides gemeinsam auf. Medikamente dagegen können gespritzt werden. Frisst der Igel, kann die Arznei auch in das Futter gegeben werden.

Lungenwürmer

Der größte Teil der Igel ist mit Lungenwürmern infiziert. Gesunden Tieren bereitet das keine besonderen Probleme. Hustet der Igel nur ab und zu und frisst er gut, raten viele Tierärzte dazu, nicht einzugreifen.

Symptome für einen massiven Befall mit Lungen- und Lungenhaarwürmern sind angestrengte Atmung, Husten, Röcheln, Niesen oder Nasenausfluss. Der Igel frisst nicht, er ist apathisch und verliert an Gewicht. Ohne medikamentöse Behandlung würde er wahrscheinlich sterben.

Milben

Schuppt sich die Igelhaut ab und sieht staubig aus? Der Igel kratzt sich? Dann kann er von Milben befallen sein. Das heißt: Sie müssen mit ihm zum Tierarzt. Er gibt Ihnen das richtige Medikament für den Patienten mit.

Fliegeneier und Maden

Gesundheitlich angeschlagene Igel sind oft von Fliegeneiern und -maden befallen. Jetzt ist schnelles Handeln angesagt! Maden fressen sich gerade in den warmen Monaten schnell in den Igelkörper hinein und können dort irreparable Schäden verursachen. Sie müssen mit einer Pinzette sorgfältig entfernt werden, das gilt auch für die weißlichen Fliegeneier. Mit einer Zahnbürste lassen sie sich von der Igelhaut zusätzlich abbürsten.

Flöhe

Der gemeine Igelfloh ist mit seinen zwei bis drei Millimetern so klein, dass er mit dem bloßen Auge kaum zu erkennen ist. Er verrät sich entweder, weil sich sein Wirtstier viel kratzt, oder durch seinen Kot: kleine schwarze Kügelchen, die auf der Haut oder einer weißen Unterlage sichtbar sind und beim Zerreiben rotbraun werden.

Normalerweise reichen ein bis zwei Behandlungen mit Insektenspray. Je nach Gesundheitszustand des Igels entscheidet der Tierarzt, welches Mittel der Igel verträgt. Sogenannte Spot-on-Produkte werden in der Regel nur bei stabilen Tieren angewandt. Für schwächere Igel wird häufig Jacutin®-Spray empfohlen. Es wird beispielsweise auch bei Kopfläusen beim Menschen angewandt.

Verletzungen und Knochenbrüche

Knochenbrüche und Bisswunden sind leider häufige Verletzungen bei Igeln. Hier kann in der Regel nur ein Tierarzt helfen.Brüche treten bei Igeln meist an den Beinen oder am Kopf auf, besonders am Nasenbein oder Kiefer. Ursache sind häufig Bisse von anderen Tieren, viele Frakturen bluten daher auch. Ist ein

Auch Igel brauchen manchmal eine Tierärztin. (Foto: Igelzentrum Zürich)

Bruch noch frisch, kann ihn der Tierarzt chirurgisch behandeln, was aber sehr aufwendig und teuer ist. Meistens werden Brüche daher konservativ geheilt: Die Bewegungsfreiheit des Igels wird für eine Weile eingeschränkt, außerdem bekommt er Entzündungshemmer und Schmerzmittel.

Schnitt- oder Stichverletzungen treten bei Igeln vor allem in den Sommermonaten auf. Igel werden im Garten häufig durch Tellersensen, Rasenmäher oder Häcksler verletzt. Hier sind wir ohne fachmännische Hilfe überfordert. Versuchen Sie nicht, die Wunde selbst zu reinigen – das kann kontraproduktiv sein. Bringen Sie das Tier lieber gleich zum Tierarzt, er kann die Wunde am besten behandeln.

Zahn- und Kieferkrankheiten

Frisst ein Igel nicht oder nur schlecht, kann eine Erkrankung oder Verletzung seines Kiefers dahinterstecken. Auch für Zahnstein sind die Tiere anfällig. Beides kann der Tierarzt nur unter Narkose behandeln.

Bei ökologischer Gartenpflege auf umweltverträgliche Mittel achten. (Foto: Igelzentrum Zürich)

Vergiftungen

Igel können sich genauso wie Hunde und Katzen vergiften. Die Symptome sind leider nicht eindeutig. Blutungen aus Mund und Darm können auf Rattengift hindeuten. Auch Lähmungen und Krämpfe können Anzeichen einer Vergiftung sein. Bei Verdacht auf eine Vergiftung bringen Sie den Igel bitte gleich zum Tierarzt.

Virusinfektionen

Virusinfektionen werden beim Igel kaum diagnostiziert. Tollwut tritt nur äußerst selten auf. Anfälliger sind die Stacheltiere für die Maul- und Klauenseuche, aber auch hier hält sich das Ansteckungsrisiko in Grenzen.

Naturheilverfahren als Unterstützung

Igel werden in der Regel mit klassisch schulmedizinischen Methoden und Präparaten behandelt. Naturheilmittel kommen seltener zum Einsatz. In der Regel ergänzen sich Naturheilkunde und Schulmedizin beim Igel gut.

Manche Tierärzte greifen zu pflanzlichen Medikamenten, zum Beispiel bei einer Erkältung zu Echinacea zur Stärkung des Immunsystems. Vor allem bei Igelsäuglingen werden diese Mittel gern unterstützend eingesetzt.

Problematisch bei Naturheilmitteln ist allerdings, dass sie manchmal Alkohol enthalten – der versetzt Igel schnell in einen ordentlichen Rausch. Bereits drei Tropfen reiner Alkohol können bei einem Igelbaby von 100 Gramm einen Blutalkoholwert von 0,8 bis 1,0 Promille bewirken. Im Bereich der Naturheilverfahren greifen Tierärzte deshalb eher zu homöopathischen Globuli.

Achtung, Ansteckungsgefahr!

Für jeden Kontakt mit Igeln gibt es eine eiserne Regel: Tragen Sie Einweghandschuhe und waschen Sie Ihre Hände! Gegenstände, mit denen der Igel in Berührung gekommen ist, sollten gründlich mit heißem Wasser gereinigt werden. Wer auf Nummer sicher gehen will, kann sie auch desinfizieren. Einige wenige Igelkrankheiten sind auf den Menschen übertragbar. Werden die Hygieneempfehlungen eingehalten, ist die Ansteckungsgefahr jedoch so gut wie ausgeschlossen.

Falls Sie einmal – was ohnehin äußerst selten vorkommt – von einem Igel durch Ihre Handschuhe gebissen werden sollten, ist das kein Grund zur Panik: Desinfizieren Sie Ihre Wunde einfach mit einem handelsüblichen Wunddesinfektionsmittel.

Katzenseuche

Igel könnten Ihre Heimtiere gefährden. Die meisten Igelparasiten interessieren sich jedoch weder für uns Menschen noch für unsere Haustiere. Sie sind meist sehr auf den Igel als Wirt spezialisiert. Trotzdem sollten Sie vorsichtig sein: Igel übertragen möglicherweise die feline Parvovirose, im Volksmund Katzenseuche genannt. Katzen und Hunde sollten aber ohnehin grundsätzlich von Igeln ferngehalten werden – auch wenn sie gegen das Virus geimpft sind.

Zecken

Zecken übertragen schwere Krankheiten auch auf uns Menschen und beherbergen verschiedenste Erreger. Die bekanntesten und auch die schwersten Erkrankungen sind Borreliose und die Frühsommer-Meningoenzephalitis, kurz FSME.

Generell gilt: Je schneller eine Zecke nach dem Stich entfernt wird, desto geringer ist das Risiko, sich mit einer Krankheit anzustecken. Deshalb ist es wichtig, Pflegeigel schnell davon zu befreien.

Igel sollten nur in einer Box beherbergt werden, die sich später gut reinigen lässt. Am

Zecken sollten mit einer Stumpfen Pinzette entfernt werden. (Foto: Igelzentrum Zürich)

oberen Rand wird ein doppelseitiges Klebeband angebracht, an dem hochkrabbelnde Zecken kleben bleiben.

Hautpilze

Schuppige Haut mit teils verkrusteten Belägen am Kopf, einhergehend mit ausfallenden Stacheln, deutet auf einen Hautpilz hin. Vorsicht ist jetzt angeraten, denn Hautpilze können auch auf den Menschen übergehen. Auch die ausgefallenen Stacheln sollten nur mit Handschuhen angefasst werden.

Leptospirose

Leptospiren sind Bakterien, die sich im Urin und im Blut mancher Igel nachweisen lassen. Sie können beim Menschen Symptome einer schweren Grippe auslösen, die im schlimmsten Fall zu tödlichem Nierenversagen führen kann. Die Bakterien treten vor allem im Sommer auf.

Übertragen werden sie durch Hautverletzungen und über die Schleimhäute. Bei Igeln kommen die Leptospiren jedoch eher selten vor.

Wieder gesund

Allgemein gilt: Fast jeder Igel, der von Menschen aufgenommen wird, ist in irgendeiner Weise krank – sonst dürften wir ihn ja gar nicht in Obhut nehmen. Manche Erkrankungen klingen vielleicht zunächst abschreckend, doch sie sind in der Regel gut in den Griff zu bekommen und werden wieder geheilt. Auch die Gefahr, dass sich Menschen anstecken, ist bei Einhaltung der Hygienemaßnahmen sehr gering. Angst vor Ansteckung braucht also kein Grund zu sein, auf die Pflege eines Igels zu verzichten. Die meisten Igel müssen zwei bis sechs Wochen in Pflege bleiben. Ausgenommen die Winterschläfer – die bleiben natürlich deutlich länger.

Igelpflege
im Jahresverlauf

(Foto: Igelzentrum Zürich)

Igel brauchen individuelle Hilfe. Je nach Jahreszeit und Zustand des Tiers ändern sich auch ihre Bedürfnisse. Der Igel ist ein Wildtier. Das darf man – auch als mitfühlender Tierfreund – nicht vergessen. Bei der Betreuung von Igeln können Sie sich an Profis wenden (siehe Seite 94). Es ist wichtig zu erkennen, dass die Pflege von verletzten, kranken Igeln aufwendig ist, und wann man die Grenze überschreitet und in den natürlichen Lebensrhythmus eingreift.

Igel brauchen individuelle Hilfe. Je nach Jahreszeit und Zustand des Tieres ändern sich auch ihre Bedürfnisse.

Frühling

Ab März erwachen Igel aus dem Winterschlaf. Sie müssen nun sehr viel fressen, weil sie über den Winter bis zu 30 Prozent ihres Gewichts verloren haben. Ein Igel, der jetzt tagsüber unterwegs ist, ist verdächtig. Beobachten Sie ihn eine Weile ganz ruhig. Erscheint er Ihnen sonst aber gesund, lassen Sie ihn, wo er ist.

Wirkt er jedoch krank oder ist er verletzt, nehmen Sie ihn mit und suchen Sie einen Fachmann auf.

Der Igel braucht jetzt vermutlich Pflege in einem Innengehege, bis er wieder gesund ist, dann kommt unweigerlich die Trennung. Er wird zurück an seinen Fundort gebracht.

Sommer

Kranke und verletzte Igel, die im Sommer gefunden werden, behandelt man genauso wie Igel, die im Frühjahr gefunden werden. Ab und zu begegnen uns jetzt aber Jungtiere außerhalb ihres Nestes. Hier heißt es: abwarten! Oft holt die Igelmutter den ausgebüxten Nachwuchs wieder zurück. Wenn sie nicht mehr auftaucht, muss man die Igelbabys mitnehmen.

Wer bei der Gartenarbeit aus Versehen ein Igelnest mit frisch geborenen Igelbabys aufdeckt, deckt es vorsichtig wieder mit Laub zu und zieht sich erst einmal zurück. Normalerweise kommt die Igelmutter zurück und baut ein neues Nest für ihre Familie. Lässt sie sich nach zwei bis drei Stunden immer noch nicht blicken, sollten Sie die jungen Igelbabys mitnehmen. Wer schon Erfahrung mit Igeln gesammelt und genug Zeit hat, kann die Aufzucht selbst übernehmen. Igelanfängern ist davon allerdings eher abzuraten. Igelstationen mit ihren Fachleuten sind hier die richtigen Ansprechpartner. Mit deren fachkundiger Unterstützung kann aber auch Anfängern das Aufziehen gelingen.

Herbst

Die meisten Igel werden in den Herbstmonaten gefunden, weil sie nun gehäuft tagsüber unterwegs sind. Manche wurden einfach nur aus ihrem Nest aufgeschreckt und suchen ein anderes Versteck. Vor allem Jungigel sind jetzt auch bei Tageslicht unterwegs. Sie müssen sich noch eine ausreichende Fettschicht für den bevorstehenden Winterschlaf anfressen. Wirkt der Igel sonst gesund, dann wiegen Sie ihn. Das entscheidende Kriterium für sein Überleben ist sein

Selten trifft man zwei Igel zusammen an. Es sind eigentlich Einzelgänger. (Foto: Weikel/Koisegg)

Gewicht im Spätherbst, wenn die Temperaturen an mehreren Tagen nacheinander maximal 10 °C betragen und sich der Igel normalerweise auf den Winterschlaf vorbereitet. Ab 500 Gramm ist er gerüstet für den Winterschlaf.

Leichter als 300 Gramm

Ein Igel dieser Gewichtsklasse ist zu dünn für den Winterschlaf. Auch Zufüttern in freier Natur reicht hier nicht aus. Nehmen Sie den Igel zu sich, bringen Sie ihn in einem Innengehege unter und füttern Sie ihn, bis er mindestens 500 Gramm wiegt. Hat sich der Jungigel dieses Gewicht angefressen, ist er so weit, dass er Winterschlaf halten kann. Er sollte jetzt mit seinem Gehege nach draußen gestellt werden

oder in ein Freigehege umziehen und dort überwintern. Im Haus sollten Igel nur für kurze Zeit bleiben und nur im Notfall.

300 bis 500 Gramm

Füttern Sie den Igel in seiner natürlichen Umgebung. Stellen Sie ihm in der Dämmerung sein Futter hin. Wenn er in den nächsten Tagen und Wochen an Gewicht zulegt, ist er für den Winterschlaf gewappnet.

Schwerer als 500 Gramm

Mit diesem Gewicht ist der Jungigel gut vorbereitet für den Winter. Sie können ihn nun ganz sich selbst überlassen. Dass trotzdem

Der Blick auf die Waage

Wiegen Sie den Igel anfangs täglich und immer zum gleichen Zeitpunkt, am besten abends vor dem Fressen: Im Idealfall legt ein Jungigel täglich 10 bis 20 Gramm zu.

viele Jungtiere während des Winterschlafs sterben, ist ein ganz normaler Prozess. Ein erwachsener, gesunder Igel sieht im Herbst schön rundlich und wohlgenährt aus. Sein normales Gewicht liegt zwischen 800 und 1 500 g. Er ist bestens gerüstet für die lange Schlafenszeit und braucht keine Hilfe. Wir können uns einfach an seinem Anblick erfreuen!

Kranke oder verletzte Igel

Auch ein Igel über 500 Gramm kann gefährdet sein, nämlich dann, wenn er trotz stattlicher Größe abgemagert aussieht. Ein sehr deutlicher Hinweis dafür ist die Hungerfalte zwischen Rücken und Kopf (Seite 23-24). Dieser Igel ist vermutlich krank. Im Zweifelsfall nehmen Sie das Tier mit und stellen es bei einem Tierarzt oder einer Igelstation vor. Das gilt erst recht, wenn der Igel verletzt ist.

Winter

Normalerweise schlafen Igel jetzt. Von November bis März oder April bekommt man sie daher nur sehr selten zu Gesicht. Dann und wann wacht ein Igel kurz auf und geht vielleicht ein bisschen spazieren. Begegnet Ihnen im Winter ein Igel, ist Ihre Beobachtungsgabe gefragt. Sieht er gesund genährt aus, ist das schon mal ein gutes Zeichen. Machen Sie den Kugeltest: Berühren Sie ihn leicht. Rollt er sich zur Kugel ein, verhält er sich normal. Frisst er außerdem angebotenes Katzenfutter, ist er vermutlich kerngesund. Lassen Sie ihn draußen.

Wenn Sie ihm trotzdem helfen wollen, dann bieten Sie ihm ein kleines Winterschlafnest aus wetterfestem Material in Ihrem Garten an (wie auf Seite 77 bis 78 beschrieben). Geben Sie ihm zusätzlich etwas Wasser.

Haben Sie den Eindruck, dass der Igel krank oder sehr geschwächt ist, nehmen Sie ihn zur Untersuchung mit. Eventuell wird er ein Wintergast bei Ihnen.

Tagebuch für Igelpfleger

Name des Igels:

Geschlecht: Männchen/Weibchen

Fundgewicht: _____ Gramm

Gesundheitlicher Zustand des Tiers:

Funddaten (Datum, genauer Ort, Uhrzeit):

Freigelassen am:

Freigelassen wo:

Datum | Gewicht in Gramm:

Medikamente und Behandlung:

Verhalten des Igels:

Pflanzentipps

Heimische Gehölze für den Naturgarten:
Schwarzdorn, Traubenkirsche, Schneeball, Vogelbeere, Weißdorn, Geißblatt, Kreuzdorn, Faulbaum, Pfaffenhütchen, Heckenrose, Hartriegel, Holunder, Haselstrauch, Himbeere, Brombeere, Schlehe

Wildstauden für mageren Boden:
Gelbe Resede, Gewöhnliches Leimkraut, Gewöhnlicher Wundklee, Hornklee, Natternkopf, Gewöhnlicher Dost, Königskerze, Klappertopf, Wegwarte, Taubenskabiose, Blutroter Storchenschnabel, Nachtkerze, Ackerglockenblume, Akelei, Rosenmalve

Wildstauden für nährstoffreichen Boden:
Weinrose, Wiesenflockenblume, Wilde Möhre, Bunte Schwertlilie, Wiesenwitwenblume, Wilde Malve, Moschusmalve, Wiesensalbei, Habichtskraut, Pfirsichglockenblume, Blauer Eisenhut, Gewöhnliche Akelei, Stinkende Nieswurz

Wildstauden für schattige Standorte:
Bärlauch, Scharbockskraut, Buschwindröschen, Schlüsselblume, Lungenkraut, Goldnessel, Waldmeister, Nesselblättrige Glockenblume, Gelber Fingerhut, Bergflockenblume, Waldstorchschnabel, Waldweidenröschen

Wildrosen und naturnahe Gartenrosen:
Essigrose, Zimtrose, Alpenheckenrose, Bibernellrose, Apfelrose

Literatur

Garten/Ökologie:
- Biermaier, Monika, und Wrbka-Fuchsig, Ilse: Kompost und Düngung, AV Buch, 2006
- Biermaier, Monika: Nützlingsquartiere für naturnahe Gärten, AV-Buch, 2012
- Biologisch Gärtnern, Dorling Kindersley Verlag, 2009
- Flowerdew, Bob: Der perfekte Biogarten, Edition XXL, 2008
- Grollimund, Marc, und Hannebicque, Isabelle: Biogarten, Ulmer, 2009
- Hamerith, Werner: Tiere im naturnahen Garten, AV-Buch, 2006
- Kubik, Christian: Pflanzenschutz im naturnahen Garten, AV-Buch, 2008
- Kreuter, Marie-Luise: Der Biogarten, BLV, 2009
- Witt, Reinhard: Naturoase Wildgarten, BLV, 1996
- Wittig, Rüdiger, und Streit, Bruno: Ökologie, UTB, 2004

Igel:
- Biermann, Claudia: Igel – Stachlige Urtiere, Kinderleicht Wissen Verlag, 2006 (Kinder-Sachbuch zum Thema)
- Biermann, Claudia: Igel gefunden – Was nun? Cadmos Verlag, 2007
- Frei, Annekäthi: Der Igel, Wildtier Schweiz, 2009
- Günzel, Wolf Richard: Der igelfreundliche Garten, Pala-Verlag, 2012
- Kögel, Bernadette: Untersuchungen zu Igelpfleglingen, Dissertation an der Tierärztlichen Hochschule Hannover, Pro Igel, 2009
- Morris, Pat: The New Hedgehoge Book, Whittet Books, 2010
- Neumeier, Monika: Igel in unserem Garten, Franckh-Kosmos Verlag, 2006
- Schoon, H.-A., Fehr, M., u. Schoon, A. (1992): Akute Alkoholvergiftung beim Igel. In: Kleintierpraxis 37, S. 329–332

Links zum Thema Natur/Garten:

Österreich:

Inatura Erlebnis Naturschau: www.inatura.at

Naturschutzbund Österreich: www.naturschutzbund.at

Naturschutzseiten des Umweltbundesamtes:
www.naturschutz.at

Aktion „Natur im Garten": www.naturimgarten.at

Deutschland:

Biodiversitätsforschung: www.biodiversity.de

Bundesministerium für Umwelt, Naturschutz und
Reaktorsicherheit: www.bmu.de

Bundesamt für Naturschutz: www.bfn.de

Bund für Umwelt und Naturschutz Deutschland:
www.bund.net

Deutsche Bundesstiftung Umwelt: www.dbu.de

Forschung für nachhaltige Entwicklung des Bundes-
ministeriums für Bildung und Forschung: Unterabtei-
lung Nachhaltigkeit, Klima, Energie: www.fona.de

Forschungsinstitut für biologischen Landbau:
www.fibl.org

Imkerbund: www.deutscherimkerbund.de

Naturschutzbund Deutschland (NaBu): www.nabu.de

Naturgarten e. V.: www. naturgarten.org

Links zum Thema Igel:

Österreich:

Naturschutzbund Österreich:
www.naturschutzbund.at

Tierschutzverein: www.haustiersuche.at

Stiftung für Tierschutz: www.vier-pfoten.at,
gute lokale Igelschutzadressen, vor allem für
Österreich, in der Broschüre Igelratgeber

Tierschutzverein: www.igel-hilfe.at

Deutschland:

Igel-Schutz Initiative Laatzen:
www. igelhaus-laatzen.de

Pro Igel Deutschland: www.pro-igel.de, zahlreiche
Links zu lokalen Igelschutzstationen

Gesellschaft für Naturforschung (Ausgrabung Grube
Messel): www.senckenberg.de

Igelgeräusche und -filme: www.youtube.com

Schweiz:

Igelzentrum Zürich (IZZ): www.igelzentrum.ch
Pro Igel Schweiz: www.pro-igel.ch

Igelstation Maggia: www.igel-in-not.ch
(Auskünfte auch auf Italienisch)

Register

Autorin und Verlag haben den Inhalt dieses Buches mit großer Sorgfalt und nach bestem Wissen und Gewissen zusammengestellt. Für eventuelle Schäden an Mensch und Tier, die als Folge von Handlungen und/oder gefassten Beschlüssen aufgrund der gegebenen Informationen entstehen, kann dennoch keine Haftung übernommen werden.

Impressum

avBUCH im Cadmos Verlag
Copyright © 2013 by Cadmos Verlag, Schwarzenbek

Lektorat: Christine Weidenweber, Weibersbrunn, www.verbene.eu
Gestaltung und Satz: Ravenstein, Verden
Illustrationen: Maria Mähler
Coverfoto: © Wolfgang Dorl-Emden/fotolia.com

Druck: Himmer AG, Augsburg

Deutsche Nationalbibliothek – CIP-Einheitsaufnahme
Die Deutsche Nationalbibliothek verzeichnet diese Publikation in der Deutschen Nationalbibliografie; detaillierte bibliografische Daten sind im Internet über http://dnb.ddb.de abrufbar.

Alle Rechte vorbehalten.

Abdruck oder Speicherung in elektronischen Medien nur nach vorheriger schriftlicher Genehmigung durch den Verlag.

Printed in Germany

ISBN: 978-3-8404-8109-3